海洋经济运行监测与评估系统建设与应用——以江苏省为例

汤建鸣　谢伟军　顾云娟　张　良　著

海洋出版社

2017年·北京

图书在版编目（CIP）数据

海洋经济运行监测与评估系统建设与应用：以江苏省为例/汤建鸣等著. —北京：海洋出版社，2017.8

ISBN 978-7-5027-9921-2

Ⅰ.①海… Ⅱ.①汤… Ⅲ.①海洋经济-经济运行-监测系统-研究-江苏 Ⅳ.①P74

中国版本图书馆 CIP 数据核字（2017）第 219477 号

责任编辑：杨传霞 程净净
责任印制：赵麟苏

海洋出版社 **出版发行**

http：//www.oceanpress.com.cn
北京市海淀区大慧寺路 8 号 邮编：100081
北京朝阳印刷厂有限责任公司印刷 新华书店发行所经销
2017 年 9 月第 1 版 2017 年 9 月北京第 1 次印刷
开本：787mm×1092mm 1/16 印张：13.25
字数：204 千字 定价：68.00 元
发行部：62132549 邮购部：68038093 总编室：62114335

前　言

20 世纪 90 年代以来，网络时代的来临引发了新的信息革命，信息化浪潮席卷全球。实现信息化是党的十八大提出的覆盖我国现代化建设全局的战略任务。我国是海洋与渔业资源大国，大力推进海洋与渔业信息化建设，不仅是国家海洋经济协调发展、资源集约利用、生态环境安全、信息服务社会的需要，也是事关江苏省海洋与渔业强省建设的可靠信息保障和基础支撑，是推进海洋与渔业现代化的必由之路。

随着江苏海洋与渔业事业的迅速发展，沿海开发战略的深入实施，信息化在现代管理工作中的辅助效用日益突出。抓住机遇，应对挑战，加速江苏省海洋与渔业局信息化建设，实现跨越式发展，是江苏省海洋与渔业“十二五”发展的十分紧迫而重要的任务。

江苏省海洋与渔业局信息化发展规划（2013—2015 年）中明确指出，江苏省海洋经济运行监测与评估系统是重点建设项目。该项目重点建设了江苏省海洋经济运行监测系统、海洋经济展示与评估系统、沿海开发重大项目管理系统、海洋经济 GIS 展示系统、海洋经济信息服务发布和门户系统以及海洋经济指标体系管理系统，并与国家海洋局海洋经济运行监测数据采集系统有效对接。通过江苏省海洋经济运行监测与评估系统的建设，实现了江苏省海洋经济运行数据的监测、综合分析和评估，通过采用先进的分析型数据仓库技术、交互式图表技术并结合三维、GIS 平台直观地展现江苏省海洋经济运行状况同时实现与国家海洋局信息的同步，为江苏省相关部门和领导提供辅助决策信息，引导江苏省海洋经济发展。

本书总结该系统建设经验，将系统建设的核心成果编制成册，全面、系统地展示江苏省海洋经济运行监测与评估系统建设成果，深化对海洋经济运行监测与评估分析的认识，为后续系统建设提供参考，促进海洋经济又好又快发展。

全书从结构上分为9章。

第1章：绪论。介绍江苏省海洋经济总体情况，国内海洋经济信息化建设现状，江苏省海洋经济信息化建设现状，以及江苏省海洋经济运行监测与评估系统建设的作用和意义。

第2章：系统架构和应用环境。总体介绍江苏省海洋经济运行监测与评估系统的特点优势、组成、运行环境、应用场景、安全保障体系以及面向的使用对象等基本情况。

第3章：技术选型。针对江苏省海洋经济运行监测与评估系统建设过程中涉及数据仓库、可视化数据分析工具和GIS平台的评估分析和选型对比介绍。

第4章：数据规范与数据处理。介绍江苏省海洋经济运行监测与评估系统建设中涉及海洋经济数据准备、海洋经济数据共享和数据交换体系、海洋经济数据仓库体系、海洋经济数据库体系和海洋经济数据处理体系等相关内容。

第5章：系统功能与操作。详细介绍系统运行环境及各个系统组成部分。包括海洋经济运行监测系统、海洋经济指标体系管理系统、海洋经济展示与评估系统、沿海开发重大项目管理系统、海洋经济信息服务发布和门户系统、海洋经济GIS展示系统的功能和使用方法。

第6章：系统关键技术。介绍江苏省海洋经济运行监测与评估系统的建设过程中涉及的数据仓库、数据可视化、GIS可视化和应用开发等方面的关键技术。

第7章：海洋经济评估模型。包括海洋经济总量分析、海洋产业分析、区域海洋经济分析、海洋经济增长分析和海洋经济监测预警分析等内容。

第8章：系统应用实践。从用户实际应用角度出发，介绍海洋经济运行监测报表设计、重点涉海企业数据上报及分析、用海企业数据上报及展示和沿海重大项目管理四种典型应用的详细操作过程，帮助用户快速掌握系统的主要使用方法。

第9章：系统特色与展望。回顾和总结江苏省自2012年以来海洋经济监测与评估系统信息化建设的业务及技术特点，并展望江苏海洋经济信息化的发展前景。

本书是江苏省海洋经济运行监测与评估系统建设工作者集体智慧和共同劳动的结晶。江苏省海洋与渔业局成立了以局长汤建鸣为组长，江苏省海洋经济监测评估中心主任谢伟军为副组长、副研究员顾云娟具体负责的编写组，江苏省海洋经济运行监测与评估系统的软件开发单位天津南大通用数据技术股份有限公司参与完成。顾云娟组织完成了本书提纲的编写、部分章节的撰写，初稿的讨论、全书的统稿和终稿的审定。张良、司玉玲、齐传新等同志参加了本书主要章节的编写工作。国家海洋信息中心提供了技术咨询与支持。

本书可供江苏省海洋经济运行监测与评估系统的管理和使用人员参阅，也可为海洋领域其他信息化系统的建设提供参考。由于作者水平有限，本书错漏缺点在所难免，希望读者批评指正。

编　者

2016年7月5日

目　　录

第1章 绪　　论

1.1 国内海洋经济信息化建设现状

长期以来，党中央、国务院对海洋经济发展高度重视，多次就促进海洋经济发展、建立健全海洋经济支撑体系做出重要指示。为促进海洋经济的发展，先后颁布实施《全国海洋经济发展规划纲要》、《国家海洋事业发展规划纲要》，这些都极大地推动了海洋经济的发展。党的十七届五中全会通过的《中共中央关于制定国民经济和社会发展第十二个五年规划的建议》中明确做出发展海洋经济的总体部署，为深入实施海洋强国战略、依托海洋经济促进区域经济发展指明了方向。此外，国家、各涉海部门及沿海地方政府出台了海洋经济发展规划、系列产业振兴计划和激励措施，为海洋经济发展注入了动力。

为保障传统海洋经济的快速增长、积极推动海洋产业结构的优化和调整，国家海洋主管部门推出一系列切实措施进一步建立健全海洋经济支撑体系，为海洋经济发展提供助力。2007年，国家发展和改革委员会会签同意，国土资源部转呈国家海洋局上报国务院的“关于国家海洋经济运行监测与评估系统总体方案”；2008年2月，国务院《关于国家海洋事业发展规划纲要的批复》（国函［2008］9号）中要求“建立并完善全国海洋经济运行评估监测系统”，这些都极大地推动了海洋经济支撑体系建设。

1.2 江苏省海洋经济信息化建设现状

1.2.1 江苏省海洋经济发展形势良好，面临重大发展机遇

“十二五”期间，江苏全省海洋生产总值预计年均增长13%（按现价计算），2015年海洋生产总值占全省GDP的比重达9.3%左右，比2010年提高0.7个百分点，对地区经济发展贡献率明显提高，现代海洋产业体系

初具规模，海洋船舶及海工装备、滨海旅游、海洋渔业、海洋交通运输等优势产业实力进一步提升，江苏海洋经济发展形势良好。此外，以海洋经济为依托的沿海三市国民经济增长迅速，发展势头强劲，具有发展海洋经济的巨大潜力。

近年来《江苏沿海地区发展规划》和《长江三角洲地区区域规划》上升为国家战略，为江苏海洋经济发展带来重要契机。江苏沿海各级地方政府也先后制定了多项促进海洋经济发展的重大计划和保障措施。随着沿海开发战略的实施，在丰富的海洋资源支撑下，江苏省沿海地区区位优势不断显现，进一步凸显滨海地区的产业集聚能力。在这种背景下，江苏海洋经济发展面临着前所未有的重大发展机遇，对海洋经济运行监测与评估提出更高的技术要求。

1.2.2 建设江苏省海洋经济运行监测与评估系统，保障江苏海洋经济发展

2011 年，财政部、国家海洋局首次在中央分成海域使用金项目中将省级海洋经济运行监测与评估系统建设列为重点支持方向，共安排 11 个沿海省、自治区、直辖市和 5 个计划单列市系统建设经费 1.751 5 亿元。该系统范围将覆盖我国沿海地区 51 个沿海城市、242 个沿海地带，建设内容主要包括海洋经济运行监测系统、海洋经济评估系统、海洋经济 GIS（Geographic Information System，地理信息系统）展示系统、海洋经济信息服务与发布系统、应用支撑平台等方面。

江苏省海洋经济运行监测与评估系统的建设是在充分解读了国家和省级相关指导政策而后开展的，完全遵循海洋事业的发展规划方向。“监测”与“评估”是整套系统的关键词，两个关键词正是国家在政策与指导意见中明确推出的。2008 年国务院《关于国家海洋事业发展规划纲要的批复》（国函［2008］9 号）中要求“建立并完善全国海洋经济运行评估监测系统”；2012 年《国务院关于印发全国海洋经济发展“十二五”规划的通知》（国发〔2012〕50 号）中提出，加强海洋经济监测评估，推进国家和省级海洋经济运行监测与评估能力建设，定期发布海洋经济监测和评估信息，提高辅助决策能力和社会服务水平；江苏省《“十二五”海洋经济发展规划》提出，建成并运行海洋经济运行监测与评估系统，为海洋经济管理与调控提供决策支持。

鉴于当前江苏海洋经济发展面临的重大机遇，急需建立健全海洋经济支撑体系。江苏省通过建设海洋经济运行监测与评估系统，建立了一套完整的海洋经济运行监测指标体系，强化了对重要指标的监测、分析、评估，能够有效对海洋经济运行情况进行实时监控，提升海洋经济运行的监测、评估和管理决策能力。在统一的网络基础设施支撑下，形成了覆盖江苏省、3 个沿海地级市、14 个沿海县三级以及涉海企事业单位的业务网络化运行体系，有效提升了全省海洋经济的信息化水平，完善了海洋经济省、市、县三级核算体系。

在此基础上，对海洋经济数据进行统计分析，深化了对海洋经济发展规律的认识，为海洋行政主管部门制定海洋开发战略、优化海洋经济结构、调整产业布局提供重要的辅助决策依据，提高了海洋经济抵御风险能力，促进了江苏海洋经济又好又快发展。建设海洋经济运行监测与评估系统，不仅为海洋行政主管部门提供了决策支持，还为涉海企事业单位及社会提供了公众服务，满足社会公众对海洋经济发展的信息需求。

1.3　建设海洋经济监测与评估系统的必要性

1.3.1　提升江苏省海洋经济监测信息获取能力，加强海洋经济评估能力，完善海洋经济运行管理工作

随着海洋经济的快速发展，尤其是在全国各地均掀起新一轮海洋开发热潮，江苏省海洋经济面临更激烈的竞争态势的情况下，海洋经济运行监测工作显得尤为重要。然而，当前江苏海洋经济运行监测能力与快速发展的海洋经济势头不相适应，监测信息获取能力仍较为薄弱，难以满足各级政府全面了解海洋经济运行状况的需求。数据采集范围及频率仍不能满足政府对海洋经济信息的需求，难以及时发现海洋经济运行中出现的问题，进而影响海洋经济调控政策措施的制定。

在海洋经济评估方面，评估能力仍较低。海洋经济产业结构历史演变规律及特点、海洋开发空间结构、海洋资源环境承载力、海洋科技贡献率等方面的研究能力薄弱，无法准确评估海洋经济问题及其成因，从而影响海洋经济可持续发展。

由于国际政治经济形势日趋复杂，全球气候环境变化的加剧，常有突

发事件出现。由于目前海洋统计数据更新频率低，监测指标不够全面，难以及时、科学地评估事件的影响和发展趋势，因此，在海洋经济运行过程中对突发事件的跟踪能力不足，海洋经济运行中抵御风险能力有待提高。

1.3.2 建立江苏省海洋经济运行监测与评估系统，能够提高政府进行海洋经济监测的效率和质量，提升政府的海洋经济综合评估能力，增强对海洋经济管理与辅助决策能力

在上述背景下，建立江苏省海洋经济运行监测与评估系统的必要性凸显。为加强各级政府对海洋经济发展状况的监控、指导，有必要尽快建设海洋经济信息的采集、传输、处理和管理系统，完善信息发布制度，加强对海洋经济运行状况和发展趋势的跟踪分析，落实党中央和国务院战略部署，提高各级政府海洋管理的科学决策水平。

本项目建立省、市、县三级联动的海洋经济数据采集渠道，改进了海洋经济信息的获取方式，有效提高了对海洋经济进行监测的工作效率，改善了以往监测环节人力、物力投入多的局面，并且保证统计数据的质量，可以提高监测频率、加快海洋经济上报速度。同时，扩大了海洋经济的监测范围，在江苏沿海三市 14 个县（市、区）海洋经济统计的基础上将监测范围扩大到各涉海企事业单位和海洋相关产业活动。

项目的成功实施，将开通信息资源互联互通的渠道，通过加强区域间、部门间、企业间海洋经济及相关信息交流和沟通，改善政府不同部门之间部分工作重复和信息交流不畅的现状，减少重复建设，实现资源共享，完善公众参与和民主监督机制，增强政府对海洋经济管理与辅助决策能力。

第2章　系统架构和应用环境

本章首先分别对江苏省海洋经济运行监测与评估系统架构、结构组成、系统安全保障体系、系统管理制度和系统应用场景进行展开介绍，之后对系统建设思路进行总结，使读者对本系统架构及应用环境相关内容有全面的了解。

系统架构部分主要从系统逻辑架构、系统基础硬件设施环境、基础软件与中间件、数据资源层和系统应用层五个方面对系统架构进行全面介绍。

系统组成部分结合系统自身提供的各项功能，从海洋经济运行监测系统、海洋经济指标体系管理系统、沿海开发重大项目管理系统、海洋经济评估系统、海洋经济 GIS 展示系统和海洋经济信息服务发布与门户系统等六个系统综合介绍系统应用构成。

安全保障体系部分从系统安全目标、安全设计原则、安全风险及安全措施、安全域、安全等级划分等五个层面对系统安全保障相关内容进行详细介绍。

在此基础上通过对系统相关管理制度和应用场景给出简单说明，实现技术与业务结合落地的指导意义。

2.1　系统架构

2.1.1　系统逻辑架构

江苏省海洋经济运行监测与评估系统是江苏海洋经济运行监测与评估工作的业务系统，也是国家海洋经济运行监测与评估系统的重要组成部分，为海洋经济发展提供综合、准确、快速的信息服务，及时准确地为国家和江苏省委省政府提供江苏省海洋经济运行数据、评估分析和决策建议，有效提升政府部门对海洋经济的监管能力，切实促进海洋经济又好又快发展。

江苏省海洋经济运行监测与评估系统从逻辑上分为硬件基础设施环境、基础软件与中间件、数据资源层和系统应用层四部分组成。

2.1.2 硬件基础设施环境

江苏省海洋经济运行监测与评估系统分为内网、外网两大部分。内网即海洋专网，外网即互联网，内网、外网为物理隔离。

内网为6台服务器，1台数据库服务器，5台应用服务器，所有服务器操作系统为Windows 2008，数据库为Oracle 10g，应用服务器部署中间件服务为Tomcat7，JDK1.6。

内网网络环境为：千兆网络。

外网为3台服务器，1台应用服务器，2台数据库服务器，服务器操作系统为Windows 2008，数据库分别为Oracle 10g和SQL Server。

2.1.3 基础软件与中间件

基础软件包括系统使用到的操作系统、数据库系统、中间件、语言处理系统（包括编译程序、解释程序和汇编程序）和办公软件（包括文字处理、电子表格、幻灯片以及一些初级图片处理程序）。

中间件是一种独立的系统软件或服务程序，分布式应用软件借助此类软件在不同的技术之间共享资源。中间件位于客户机/服务器的操作系统之上，管理计算机资源和网络通信，是连接两个独立应用程序或独立系统的软件。相连接的系统即使它们具有不同的接口，通过中间件相互之间仍能交换信息。执行中间件的一个关键途径是信息传递，通过中间件，应用程序可以工作于多平台或多操作系统环境。

由于标准接口对于可移植性、标准协议对于互操作性的重要性，中间件已成为许多标准化工作的主要部分。对于应用软件开发，中间件远比操作系统和网络服务更为重要，中间件提供的程序接口定义了一个相对稳定的高层应用环境，不管底层的计算机硬件和系统软件如何更新换代，只要将中间件升级更新，并保持中间件对外的接口定义不变，应用软件就几乎不需任何修改，从而保护了企业在应用软件开发和维护中的重大投资。

江苏省海洋经济运行监测与评估系统的中间件层主要包括系统应用必

需的 GIS 引擎、工作流中间件、图标引擎、OLAP 数据分析引擎和应用服务中间件等。

2.1.4　数据资源层

海洋经济数据库整体由基础数据库、数据仓库和支撑数据库组成。

1）基础数据库

用于存储江苏省海洋经济原始和基础数据信息，包括基础支撑数据库和专业原始数据库。基础支撑数据库为海洋经济运行监测及评估提供基础性应用支撑。专业原始数据库为海洋经济运行监测数据提供安全的存储、管理和维护。

2）数据仓库

为海洋经济运行监测与评估提供快速分析、查询、统计的数据基础，包括专业工作数据库和综合应用数据库。专业工作数据库以基础支撑数据和专业原始数据为基础，通过分类、汇总等处理，形成各种分析专题，支撑上层应用的各种数据分析和数据查询。综合应用数据库存储和管理经过深度分析形成满足政府、企事业单位及社会公众需求的信息资源。

3）支撑数据库

用于支撑海洋经济运行监测与评估各类应用的专用数据库，包括元数据库、GIS 数据库和交换数据库等。元数据库存储解释数据的数据信息；GIS 数据库存储海洋经济 GIS 展示系统的地理数据；交换数据库存储数据交换平台应用的信息。

2.1.5　系统应用层

在整体系统架构中满足具体应用需求的多个应用系统，江苏省海洋经济运行监测与评估系统的应用层包括：海洋经济运行监测系统、海洋经济指标体系管理系统、沿海开发重大项目管理系统、海洋经济评估系统、海洋经济 GIS 展示系统和海洋经济信息服务发布与门户系统六个应用系统。

2.2　系统组成

江苏省海洋经济运行监测与评估系统包含海洋经济运行监测系统、海洋经济指标体系管理系统、沿海开发重大项目管理系统、海洋经济评估系统、海洋经济 GIS 展示系统和海洋经济信息服务发布与门户系统六大系统组成（图 2-1）。

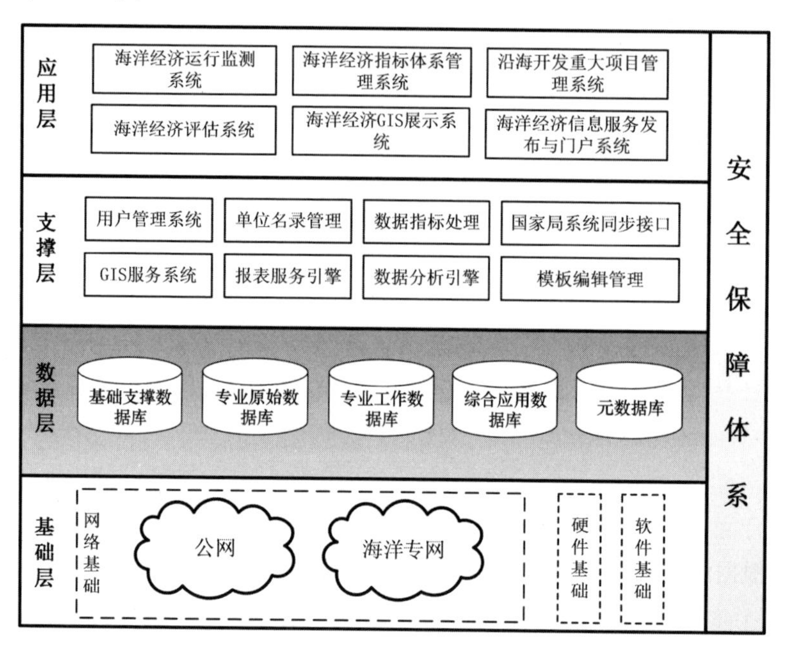

图 2-1　江苏省海洋经济运行监测与评估系统组成关系

1）基础层

基础层是指保证系统运行的网络设施、硬件设施和基础软件。江苏省海洋经济运行监测与评估系统的网络设施包括互联网、海洋专网；硬件设施包括服务器、交换机、网络存储备份、路由器、防火墙、入侵检测、漏洞扫描等硬件设备；基础软件包括：操作系统、数据管理系统、安全管理系统等。

2）数据层

江苏省海洋经济运行监测与评估系统的数据资源由两部分组成，第一部分是用于存储业务数据的业务数据库，包括：基础支撑数据库、专业原始数据库、专业工作数据库、元数据库、企业名录库等，以及各类专业数据汇总后的海洋经济运行综合数据库。第二部分是用于监测与评估分析的海洋经济运行数据仓库，以及根据分析主题由数据仓库抽取数据形成的多个专题库。

3）支撑层

整体架构中的应用支撑层是为应用层的多个应用系统提供支撑服务的某方面功能支撑的应用组件，包括：信息发布、GIS 服务、系统审计、报表服务、图表展示、安全管理、SSO 单点登录、用户管理、模型管理等应用支撑功能组件。

4）应用层

在整体系统架构中满足具体应用需求的多个应用系统，江苏省海洋经济运行监测与评估系统的应用层包括：海洋经济运行监测系统、海洋经济指标体系管理系统、沿海开发重大项目管理系统、海洋经济评估系统、海洋经济 GIS 展示系统、海洋经济信息服务发布与门户系统六个应用系统。

2.2.1　海洋经济运行监测系统

综合考虑江苏省海洋经济活动自身特点以及影响海洋经济发展的主要因素，根据海洋经济运行监测指标体系，设计并开发海洋经济运行监测系统，对沿海和沿江地区的主要海洋产业、海洋科研教育管理服务业、海洋相关产业等信息进行数据审核、整理与汇总，以达到实时掌握海洋经济运行情况的目标。

海洋经济运行监测系统包括两个部分。第一部分是在国家海洋局海洋经济运行监测数据采集系统的基础上实现模板定制及数据接口开发；第二部分是涉海部门数据交换子系统。

2.2.2　海洋经济指标体系管理系统

海洋经济指标体系管理系统，实现了对国家报表制度指标、省海洋经济指标体系，用海企业调查表、开发区企业调查表等多种类指标的管理，功能包括：维护指标信息，设置各指标体系间指标的对应关系，设置核算公式等，同时可对各类报表进行报表模板的可视化编辑管理，将指标与报表模板关联起来，并对报表模板分版本管理，应对实际应用中定期修改报表格式的需求。

统计指标体系是对数据上报系统采集的原始指标数据（包括指标的同比、环比、生产总值、增加值等）、时间、地区、行业与填报单位信息等进行处理，生成系统需要展示和上报的最终数据。提供报表查询和指标查询两类加工数据的查询方式；并可根据处理后的数据生成月度、季度、半年度等时间维度，增加值贡献率常规评估产品报表，并提供国家反馈数据和年鉴数据的管理功能。

2.2.3 沿海开发重大项目管理系统

通过对沿海开发重大项目管理系统的建设，实现了江苏省沿海开发重大项目的管理维护和统计分析，对重大项目进行深入分析和展示，对产业发展情况进行综合分析，实现对重大项目的数字化管理。通过对沿海开发重大项目的汇总和统计，使管理人员能够及时、准确地了解沿海开发重大项目的全面进展情况，实现提高工作效率、提高管理水平的目标。

江苏省沿海开发重大项目管理系统主要包括在建重大项目查询、在建重大项目信息维护、项目进度维护审批、历史重大项目查询等功能。系统通过对江苏省230个在建项目和180个历史项目基本信息的管理，将用户提供的项目基本信息通过可视化商业智能统计分析系统实现多维统计分析，形成图表化分析图以及报表等多样分析图，最后通过GIS地图展示系统，与项目基本信息相结合形成重大项目一张图。

2.2.4 海洋经济评估系统

海洋经济评估系统针对江苏省海洋经济特点，以海洋经济评估指标体系为基础，结合科学的分析评估方法和模型进行设计和建设。结合海洋经济评估需求，系统可以灵活构建多种类型评估专题，通过对海洋经济基础数据进行不同的分析评估，实现定性、定量及周期性评估等多种评估类型，为江苏省海洋与渔业局相关的领导提供辅助决策支持依据。海洋经济评估系统在评估分析结果的展示方面采用图表、报表等多种形式对不同海洋经济评估关键指标做出最适宜的可视化展现，使评估分析结果能够直观展现江苏省海洋经济的现状和发展趋势。

海洋经济评估系统包括海洋经济核算（包括运行核算、核算结果），评估模型（包括海洋经济总量分析、海洋产业分析、区域海洋经济分析、海洋经济增长分析、海洋经济监测预警分析），数据展示（包括用海企业、重大项目、管委会、江苏地方分析）三个部分。每部分都有相关的图形展示，重大项目部分还包含报表展示。

2.2.5　海洋经济GIS展示系统

海洋经济GIS展示系统以海洋经济数据处理系统数据信息和海洋经济评估数据信息为基础，结合海洋及辖区内电子地图，按照海洋经济相关展示主题，将海洋经济数据与电子地图有效结合，制作专题海洋GIS展示文件，并生成海洋经济GIS展示结果，海洋经济GIS展示系统能够实现GIS与海洋经济监测与评估信息的联动展示，直观地展现不同区域的海洋经济统计分析信息，实现企业相关信息通过三维GIS的直观展示。通过海洋经济GIS展示系统的建设，达到了全面提升江苏省海洋经济运行监测与评估系统的智能性、先进性、直观性的目的。

江苏省海洋经济GIS展示系统主要包含以下功能：

（1）在GIS系统上定位用海企业、分析各产业的分布情况，制作各类经济数据的专题图；

（2）对江苏省沿海开发重大项目进行定位、查找，分析各类别重大项目的分布情况；

（3）对沿海13个县、市、区的历史经济数据进行统计分析。

2.2.6　海洋经济信息服务发布与门户系统

海洋经济信息服务发布与门户系统的建设实现了海洋经济运行监测与评估信息的发布和共享，及时、全面地发布海洋经济相关报道，定期发布海洋经济信息，为涉海企业和社会公众提供统一的访问平台。系统提供高度集成的简单界面，集成与海洋经济运行统计相关的系统，将相关信息统一呈现在集中门户Web页面，同时涉海企业和社会公众可以通过门户订阅和查看相关海洋经济信息。海洋经济信息服务发布与门户系统包括海洋经济信息服务发布子系统、门户子系统两部分。

海洋经济信息服务发布与门户系统由Web应用服务器和数据库两部分组成，Web应用服务器提供Web访问功能，数据库负责存储数据。并从使用者的角度将系统分为前台网站和后台管理两大部分，便于用户浏览信息及对信息的安全管理。其中，管理员登录后台管理系统后，通过提供的各种功能，添加新闻、文章或文档等各种信息，系统将这些信息保存到数据库；用户通过前台网站访问时，系统从数据库中取出相应的信息，通过Web界面显示给用户，从而实现信息的传递。

2.3 安全保障体系

2.3.1 系统安全目标

江苏省海洋经济运行监测与评估系统的安全保障体系建设目标包括以下方面。

1）确保互连接口处的网络访问控制与隔离

与其他单位之间的网络连接使用高强度安全设备进行隔离。业务网与互联网间采用逻辑隔离，内、外网之间通过大容量存储介质互通数据。此外，在各单位之间进行信息交换时，还应进行高强度的网络访问控制，严格限制用户的访问资源范围。

2）网络防病毒

采用网络防病毒系统与单机防病毒软件相结合的方式，构建完整的防病毒体系。

3）加强对重要信息数据及其相关重点服务器的保护

在物理环境安全、安全运营管理和数据安全保密等方面采取有效的技术手段，保证重要信息的安全。如在关键的服务器上配备主机入侵检测系统、设置合理的备份和恢复系统以及完善的机房监控和管理系统等。

4）实现多级的访问控制

对网络中的计算机进行基于地址的粗粒度访问控制或基于用户及文件的细粒度访问控制。访问控制措施对内部、外部访问者同样有效。

2.3.2 系统安全设计原则

江苏省海洋经济运行监测与评估系统的安全设计遵循以下原则：

（1）遵循国家安全保密法规；

（2）正确处理保密、安全与开放之间的关系；

（3）安全技术与安全管理相结合；

（4）遵循系统安全性与可用性相容原则，并具有实用性和可扩展性；

（5）技术上可实现，组织上可执行；

（6）不同功能区采用不同的安全设备，分散安全风险；

（7）必要时强制使用安全技术，不能运用技术实现时实行强制约束；

（8）明确规定用户、管理员和管理部门的职责范围。

根据系统安全需求分析和系统安全建设的目标要求，江苏省海洋经济运行监测与评估系统将在以下几方面采取技术和管理措施，以保证系统的安全运行。

1）物理安全

对人员、设备、场地进行 24 小时的全面监控。加强保安和防火、防盗措施，制订应付突发事件的预案。重要设备采取冗余热备的双机备份方案，避免单点故障。对重要数据进行数据备份，建立数据备份系统。完善定期备份制度和技术方案。在机房和重要设备配备不间断电源系统，保证系统正常工作的电力供应。

2）网络安全

建立防火墙系统。通过配置具体的安全策略对出入网络的信息流进行控制。按照不同的信息系统和部门划分不同的虚拟专用网（VLAN），配置访问控制列表对用户的访问权限进行控制和管理。配置网络入侵检测系统检测和控制外部非法入侵。

3）系统安全

对重要的服务器可以进行操作系统软件安全加固，以提高操作系统安全等级。完善制度，加强宣传和检查，督促用户和管理员定期对口令进行修改和检查，防止出现漏洞。

4）应用安全

采用网络防病毒软件和邮件防病毒软件，防止病毒通过网络和电子邮件等方式进行扩散。在应用系统设计中提供用户身份认证和授权管理。

5）管理安全

建立安全管理组织机构，落实安全管理制度的建立及完善工作，坚持对制度执行的检查，利用宣传和人员培训加强安全教育，增强安全观念和意识。根据系统安全建设的目标要求，严格控制服务权限的开放，实行多权分治。

2.3.3 安全风险及安全措施

2.3.3.1 安全风险分析

对江苏省海洋经济运行监测与评估系统安全的威胁和风险表现在以下几个方面。

1）来自外部网络的安全威胁

Internet 上存在各种各样不可预知的风险，网络入侵者可以通过多种方式攻击内部网络。因此，有必要将对外信息发布服务器（Web，DNS，EMAIL 等）部署在互联网并和内部其他业务网络进行必要的隔离，避免网络信息外泄，使得攻击者无从下手，同时还要对网络通信进行有效的过滤，使必要的服务请求到达主机，对不必要的访问请求加以拒绝。

2）来自内部网络的安全威胁

内部网络上造成安全问题的原因来自多方面，具体包括：无法对网络的运行状况实施有效监控；潜在的计算机病毒威胁；由于办公地点、人员、设备的变化，使得网络结构变化无法控制；无法了解网络的漏洞和可能发生的攻击；对于已经或正在发生的攻击缺乏有效的追查手段。

3）物理安全风险

物理安全的威胁主要有地震、水灾、火灾等环境事故；电源故障；人为操作失误或错误；设备被盗、被毁；电磁干扰；线路截获；以及高可用性的硬件、双机多冗余的设计、机房环境及报警系统、安全意识薄弱等。

4）系统安全风险

系统的安全风险是指江苏省海洋经济运行监测与评估系统网络操作系统和网络硬件平台可靠且值得信任。目前没有绝对安全的操作系统可以选择，无论是微软的 Windows 系统还是 UNIX 操作系统。不同的用户应从不同的方面对其网络作详尽的分析，选择安全性尽可能高的操作系统。因此不但要选用尽可能可靠的操作系统和硬件平台，并对操作系统进行安全配置。而且，必须加强登录过程的认证（特别是在到达服务器主机之前的认证），确保用户的合法性；其次应该严格限制登录者的操作权限，将其完成的操作限制在最小范围内。

5）应用系统安全风险

应用系统与具体的应用有关。江苏省海洋经济运行监测与评估系统是面向多用户，包括多种通用软件、专业软件的综合应用系统，随着应用系统不断发展，其应用类型是不断增加的，因此应用系统是动态的、不断变化的。在系统的安全性上，主要考虑尽可能建立安全的系统平台，而且通过专业的安全工具发现漏洞，修补漏洞，提高系统的安全性。

应用系统性也涉及信息的安全性，包括信息泄露、未经授权的访问、破坏信息完整性、假冒、破坏系统的可用性等。因此，采用多层次控制与权限控制手段，实现对数据的安全保护，保证网上传输的信息（包括管理员口令与账户、上传信息等）的安全性。

6）管理安全风险

管理是网络安全中最重要的部分。责权不明、安全管理制度不健全及缺乏可操作性等都可能引起管理安全的风险。当网络出现攻击行为或网络受到其他一些安全威胁时（如内部人员的违规操作等），无法进行实时检测、监控、报告与预警。同时，当事故发生后，也无法提供黑客攻击行为的追踪线索及破案依据，即缺乏对网络的可控性与可审查性。这就要求必须对网络门户的访问活动进行多层次的记录，及时发现非法入侵行为。

2.3.3.2　安全保障措施

基于上述安全风险分析，江苏省海洋经济运行监测与评估系统采用如下信息安全保障措施。

1）物理隔离

江苏省海洋经济运行监测与评估系统的所有工作站计算机，通过物理隔离手段访问业务网的信息资源，不能接入 Internet，办公区 PC 机在业务网和互联网线路上实现物理隔离，对上 Internet 外网的计算机，采用物理隔离的方式实现隔离。

2）病毒防护

对业务区的服务器、工作站和办公 PC 机均安装防病毒软件，防止病毒入侵主机并扩散到全网，实现全网的病毒安全防护，来确保整个系统的业务数据不受到病毒的破坏，日常工作不受病毒的侵扰，由于新病毒的出现比较快，所以要求防病毒系统的病毒代码库的更新周期必须比较短。

3）安全审计

对江苏省海洋经济运行监测与评估系统的网络进行全面综合审计，综合审计系统从防御到事后取证，从主机到网络，从数据库到应用审计，全面地对整个网络和主机进行保护与审计，可以有效地抵御入侵，把试图窃取资源的行为进行完整的记录，作为一种有力的证据。更有效防御外部入侵和内部的非法违规操作，最终起到保护机密信息和资源的作用。

只有具有审计管理角色的管理员才能进行审计管理操作，系统中的审计业务和其他业务员实现严格分权管理，审计业务的管理员和其他业务管理员分别由不同的人员担任，以数字证书作为身份的标识，审计管理员是在系统初始化的时候独立于其他管理员产生，通过对审计管理员的产生、日常行使职权的严格管理，可以保证整个系统审计管理的严密性，从而加强整个系统的安全性。

4）访问控制

防火墙是网络安全最基本、最经济、最有效的手段之一。防火墙可以实现业务网、互联网或不同信任网络之间的隔离，达到有效的控制对网络访问的作用。江苏省海洋经济运行监测与评估系统需要在网络的信息出入得到很好的控制，不能存在旁路的非法通道。

通过防火墙以下功能实现系统访问控制要求：

（1）可以通过基于源 IP、目的 IP、源端口、目的端口、时间、服务、用户、文件、网址、关键字、邮件地址、脚本、MAC 地址等多种方式进行访问控制；

（2）通过流量管理、连接数控制、IP+MAC 绑定、用户认证等进行访问控制；

（3）通过屏蔽列表、免屏蔽列表、关键字技术的 Web 过滤、黑名单、白名单、邮件主题、附件名称、邮件大小和 SMTP 命令的邮件过滤；以及 Java Applet，Cookie，Script 和 Object 的内容过滤等功能实现多种过滤要求；

（4）通过防火墙对 VPN 的支持进行访问控制；

（5）通过日志报表功能记录访问等情况；

（6）通过集中管理与数据分析中心实现对多台设备的统一管理、实时监控、集中升级和拓扑展示。

5）入侵检测

入侵检测系统主要通过检测和记录网络中的安全违规行为，惩罚网络犯罪，防止网络入侵事件的发生，检测其他安全措施未能阻止的攻击或安全违规行为；检测黑客在攻击前的探测行为，预先给管理员发出警报，报告计算机系统或网络中存在的安全威胁，提供有关攻击的信息，帮助管理员诊断网络中存在的安全弱点，利于其进行修补；对进出网络的所有访问进行很好的监测，响应并做记录。

6）漏洞扫描

部署漏洞扫描系统，它能主动检测本地主机系统安全性弱点的程序，采用模仿黑客入侵的手法对目标网络中的工作站、服务器、数据库等各种系统以及路由器、交换机、防火墙等网络设备可能存在的安全漏洞进行全覆盖的逐项检查，测试该系统上有没有安全漏洞存在，然后将扫描结果向系统管理员提供周密可靠的安全性分析报告，从而让管理人员从扫描出来的安全漏洞报告中了解网络中服务器提供的各种服务及这些服务呈现在网络上的安全漏洞，在系统安全防护中做到有的放矢，及时修补漏洞，从根本上解决网络安全问题，有效地阻止入侵事件的发生。

系统的漏洞扫描采用精准扫描技术，即渐进式扫描分析模式以及操作系统指纹识别、智能化端口服务识别技术，结合多种类型扫描方法进行关联校验，以保证准确呈现扫描对象的各种信息。并可以做到根据网络环境的变化及时调整更新，确保漏洞识别的全面性和时效性。

7）安全管理

使用先进网络管理软件和安全管理软件，对相关使用单位所有的网络设备和计算机进行集中管理和配置，保证整个系统的配置安全，加强网络安全管理规范的建设，包括设立专门的管理机构，制定全面的管理制度，确保确定的管理策略能够得到正确执行，所有安全技术措施能够发挥作用。

系统安全管理从以下几个方面进行保障：

（1）监视安全管理软件的运行状态及性能指标，统一整合报警信息和日志信息；

（2）保证网络拓扑自动发现，监视网络中所有主机的运行状态；提供主机地址地理信息自动翻译功能；

（3）提供防火墙联动、SysLog 转发、手机短信、电子邮件、网管协议、阻断会话等多种响应策略，系统能够自动按照预先设定的策略发出报警；

（4）安全事件、日志的统一存储、分析。

2.3.4 安全域

安全域是指同一系统内根据信息的性质、使用主体、安全目标和策略等元素的不同来划分的不同逻辑子网或网络，每一个逻辑区域有相同的安全保护需求，具有相同的安全访问控制和边界控制策略，区域间具有相互信任关系，而且相同的网络安全域共享同样的案例。安全域的划分不能单纯从安全角度考虑，而应以业务角度为主，辅以安全角度，并充分参照现有网络结构和管理现状，才能以较小的代价完成安全域划分和网络梳理，又能保障其安全性。

2.3.5 安全等级划分

安全域防护设计需要综合考虑网络调整、边界整合、边界隔离和访问控制、入侵检测和防御、终端安全管理、网络行为审计、网关防病毒、集中安全监控以及定期安全评估加固等技术防护手段。

2.3.5.1 涉密域安全防护设计

涉密域中需要部署重要业务服务器和数据库服务器，并且部署入侵检测、漏洞扫描等安全防护设备。涉密域是一个大的安全域，安全级别最高，对安全防护强度和可靠性要求最高，涉密域中数据不允许向外流出。

涉密域安全防护将重点按以下步骤和策略进行设计。

1）网络调整与边界整合

涉密域汇聚到本地涉密域交换机，然后上联到涉密域边界防火墙，不允许服务器直接上联防火墙。

启用边界防火墙，每个防火墙为一个涉密域提供边界隔离和访问控制，能够提供更为严格和安全的访问控制手段。

2）边界隔离与访问控制

在涉密域边界部署高端防火墙，实现涉密域与其他区域边界隔离和严格访问控制。

涉密域边界防火墙可以开启虚拟防火墙，可以针对不同子域的边界隔离和访问控制需求制定不同的控制策略，实现严格而灵活的访问控制效果。

3）实时入侵防御

在防火墙后端部署入侵防御系统，能及时发现各种攻击行为和告警，记录攻击信息，并能及时阻止攻击行为。

入侵防御系统可以启用虚拟子系统（VIDP），针对不同子域的网络环境和安全需求，可以制定不同的规则和响应方式，每个虚拟系统分别执行不同的规则集，实现面向不同对象、执行不同策略的智能化入侵防御。

4）重要业务数据的访问审计

在涉密域部署内容和行为审计系统，对涉密域重要业务系统的访问行为进行细粒度审计的内容审计，加强内外部网络行为监管、避免核心资产（数据库、服务器、网络设备等）损失、保障业务系统的正常运营。

5）集中安全策略管理与监控

建设安全管理平台，从安全角度对涉密域网络内的网络设备、服务器、终端、安全设备进行综合的管理和监控，对安全策略进行集中管理，帮助建立完善的安全预警、响应、处理、修补及防护机制。

6）定期的安全评估和加固

定期检测业务服务器的安全状况，及时发现漏洞，提供安全修补建议。

7）考虑各类产品的冗余机制

在可靠性和可用性要求高的环境下，将采用 HA 方式防止单点故障。

2.3.5.2　非涉密域安全防护设计

非涉密域安全级别虽低于涉密域，但安全要求仍然很高，非涉密域同样需要在各建设单位内部建立安全子域。

公共域安全防护将重点按以下步骤和策略进行设计。

1）网络调整与边界整合

非涉密域上联到非涉密域边界防火墙，不允许服务器直接上联防火墙。

启用边界防火墙，每个防火墙为一个子域提供边界隔离和访问控制，子域之间隔离通过防火墙实现，能够提供更为严格和安全的访问控制手段。

2）边界隔离与访问控制

在公共域边界部署高端防火墙，实现公共域与其他区域边界隔离和严格访问控制。

公共域边界防火墙可以开启虚拟防火墙，可以针对不同子域的边界隔离和访问控制需求制定不同的控制策略，实现严格而灵活的访问控制效果。

3）实时入侵防御

在防火墙后端部署入侵防御系统，能及时发现各种攻击行为和告警，记录攻击信息，并能及时阻止攻击行为。

入侵防御系统可以启用虚拟子系统（VIDP），针对不同子域的网络环境和安全需求，可以制定不同的规则和响应方式，每个虚拟系统分别执行不同的规则集，实现面向不同对象、执行不同策略的智能化入侵防御。

4）集中安全策略管理与监控

建设安全管理平台，从安全角度对公共域网络内的网络设备、服务器、终端、安全设备进行综合的管理和监控，对安全策略进行集中管理，帮助建立完善的安全预警、响应、处理、修补及防护机制。

5）定期的安全评估和加固

定期检测业务服务器的安全状况，及时发现漏洞，提供安全修补建议。

6）考虑各类产品的冗余机制

在可靠性和可用性要求高的环境下，将采用HA方式防止单点故障。

2.3.5.3 涉密域与非涉密域之间的信息交换

涉密域和非涉密域的划分实现了系统信息资源的分级保护，不同保密级别的信息资源可以分别在不同安全域中采集、交换和共享。但是江苏省海洋经济运行监测与评估系统对于信息资源分级保护存在更高的需求，需求可以归纳为两个方面：

（1）涉密用户在涉密域内访问应用系统，进行科学决策、应急指挥和分享共享资源的时候，往往需要综合大量数据，其中不仅包括涉密信息，也包括非涉密信息，所以一部分非涉密信息需要通过交换平台整合到涉密域中；

（2）多条非涉密信息在经过信息整合以后，安全等级有可能提升，变成涉密信息，整合后的信息需要通过交换平台集中整合到涉密域中。

通过对系统信息资源分级保护需求的分析可以发现，非涉密域与涉密域质检存在一定的信息交换，所以有必要使一部分信息可以由非涉密域向涉密域同步。

对涉密域与非涉密域之间的信息交换需求，我们可以通过单向网闸数据二极管技术来实现。数据二极管技术可以实现信息资源从非涉密域到涉密域的单向传递。

2.4　管理制度

江苏省海洋经济运行监测与评估系统的管理制度主要包括以下部分。

1）共享信息资源管理制度

共享信息资源管理制度明确共享信息资源采集、注册、存储、更新、注销、发布服务等涉及共享信息资源各方面管理办法，以保证共享信息资源可靠性、准确性、安全性。

2）部门接入管理制度

对外服务指南明确了各部门将应用系统接入到江苏省海洋经济运行监测与评估系统过程中所应该填写的表单、所遵循的工作流程等。

3）安全运行维护管理制度

安全管理制度从信息资源、设备及软件系统、系统日常运行、人员、管理等各方面做出规定，全面保证江苏省海洋经济运行监测与评估系统的安全运行。

2.5 系统应用场景

江苏省海洋经济运行监测与评估系统作为江苏海洋经济运行监测与评估工作的业务系统包括以下应用场景：

（1）海核海统经济数据填报审核；

（2）用海企业经济数据填报审核；

（3）沿海开发区企业经济数据填报审核；

（4）重大项目数据填报审核；

（5）海洋经济数据查询展示；

（6）海洋经济数据 GIS 展示。

2.6 系统建设思路总结

1）实用易用、应用优先

项目在开发的过程中注重实用性和易用性，从用户的实际需求出发，通过切实可行的架构与技术，优先实现满足应用现状的功能，符合用户的招标需求，并且用发展的眼光规划整体设计，使系统具有拓展的空间。另一方面，保障系统功能在操作和维护上的易用性，减低用户在使用上的人工成本和时间成本。

2）灵活配置、随需应变

采用模块化设计理念，充分体现相对独立性、互换性和通用性，是产品功能在实现上可以更加灵活，支持配置调整，在项目建设过程中，一旦发生用户需求微调的现象，遵循模块化设计思想的软件产品能够良好地随需而变，减低项目风险。

3）统筹规划，统一标准

坚持信息化建设与海洋经济宏观调控和综合管理工作互相促进，协调发展，符合海洋经济发展的战略目标。统一领导、统一组织、统一规划、统一技术、统一标准、统一实施。遵循国家标准和行业标准，与国家的政务信息化和社会信息化建设要求相衔接。

4）经济合理，注重实效

项目建设中，兼顾实用性、可靠性、安全性、先进性、可扩充性，在满足功能要求的前提下，尽可能降低建设成本和运行成本。在系统建设特别是应用系统建设中，采用平台化、构件化的思想，充分利用成熟的应用支撑平台及中间件技术，分层实现，减少系统建设和维护工作量，提高系统的整体质量和效率，节省投资，应对变化。

5）加强管理，保障安全

辩证处理好安全与发展的关系，既不限制系统建设和应用的进程，又确保信息安全。加强信息化建设管理是保证信息化建设成败的关键，建立起项目管理制度，确保信息化工程的建设质量。建立信息化管理的责任制，按照新理念，采用新办法，依靠新手段，加强信息系统的运营管理，完善安全措施，确保信息系统的安全运行和功能的充分发挥。

第3章　技术选型

本章结合不同的技术产品从数据仓库、可视化数据分析工具和地理信息系统（GIS）平台进行技术选型分析，每部分均首先介绍本技术相关选型分析，之后结合业界主流产品进行选型对比，并获得最终产品选型结论。

3.1　数据仓库技术选型

3.1.1　数据仓库选型评估分析

数据仓库的选型对于系统的建设和使用至关重要。

当今数据库处理技术主要分为联机事务处理 OLTP（On - Line Transaction Processing）和联机分析处理 OLAP（On-Line Analytical Processing）。海洋数据分析系统是一个典型的 OLAP 类应用系统。

目前大数据管理及分析技术总体趋势向开放、互通、融合（安全）方向发展。不同架构的大数据存储管理和分析产品相互融合、混合部署成为满足复杂应用的发展趋势。大数据时代，数据库技术由一种架构支撑多类应用变更为多种架构支撑多种应用。

传统数据库采用曾经非常成功的“一种架构支持多类应用”的模式，在大数据应用的冲击下面临挑战，数据格局正在发生革命性的变化。大数据的主要应用是分析类的，应采用新的技术架构。行业的技术大思路由“一种架构支持所有应用”转变成“多种架构支持多类应用”（见图 3-1）。数据库技术出现互为补充的三大阵营，OldSQL，NewSQL 和 NoSQL。以 Oracle 为代表的通用数据库（OldSQL）一统天下变成了 OldSQL，NewSQL，NoSQL 共同支撑多类应用的情况。

在海洋数据仓库的建设中，应跟上当前技术演变的趋势，合理选用数据库类型来解决具体的数据仓库问题。江苏省海洋经济运行监测与评估系

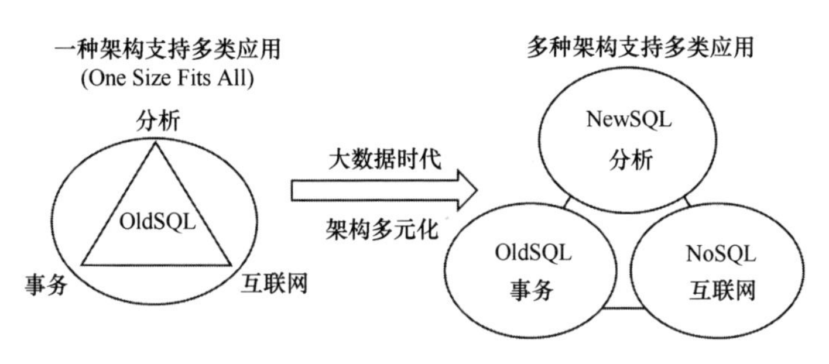

图 3-1　多种架构演变示意图

统采用分布式并行数据库作为分析型数据仓库，用于支撑海洋工作中对海量数据的分析展现，满足了应用层对 OLAP 分析型应用处理性能的需求。在该项目的数据仓库建设中，将充分利用分布式并行数据库在 OLAP 中的性能和功能优势，解决数据仓库在分析类应用方面的问题。

现阶段特别针对 OLAP 应用场景的 NewSQL 领域，外国产品主要有 EMC 公司的 Greenplum 和 HP 公司的 Vertica 两个产品，在国内方面主要有南大通用、武汉达梦、人大金仓、神州通用和山东瀚高几家数据库产品，经过对几家国产数据库产品的比较，达梦数据库、金仓数据库、神通数据库及瀚高数据库均是基于 PostgreSQL 开源版本进行改造，加入 MPP 架构使之支撑集群架构。在产品成熟度与稳定性上，南大通用的 GBase 8a 占有优势。下文将针对 Greenplum，Vertica 和 GBase 8a 三种主要产品进行选型分析。

数据仓库选型评估中，主要考虑以下几个方面。

1）技术指标评估

在事务处理层面，要充分考虑数据库技术体系的延续性，保障新建系统的技术体系与现有系统实现平滑对接；在分析处理层面，针对数据分析系统特色，数据库联机分析处理 OLAP 性能至关重要，同时要求保障分析数据的高可用性，在响应速度上达到秒级水平。

2）投资层面评估

分析型数据库方面，由于在分析库中会不断的沉淀各类历史数据，因此在满足性能的前提下，确保分析库在扩容时的低成本也是江苏省海洋与渔业局的主要考量因素。当前分析型数据库市场中，GBase 8a 是市场占有率较高的一款国产数据库，在原厂服务方面有着天然的优势。

3）使用人员现有能力评估

主要包括数据库软件的易操作性，产品升级为并行计算架构的平滑性等多个方面。需要考虑尽量降低相关人员的学习成本，因此，对于数据库产品，需要兼容业界通行的数据库技术标准。

3.1.2 主流分析型 OLAP 数据库对比

经过产品分析（表 3-1），Greenplum，Vertica，GBase 8a 三种数据库产品均满足江苏省海洋经济运行监测与评估系统项目建设需要，但考虑到安全风险把控能力和技术支持能力，响应国家支持国产基础软件的号召，最终决定在江苏省海洋经济运行监测与评估系统建设中采用 GBase 8a 作为分析型 OLAP 数据库。

表 3-1 主流分析型 OLAP 数据库对比

功能需求	EMC Greenplum	HP Vertica	南大通用 GBase 8a
架构特点	需要主节点，为 2 层架构，在主节点上实现任务分发和结果集合并	无主节点扁平 SN + MPP 结构	无主节点扁平 SN + MPP 结构
性能优化机制	有两个优化器，一个是基于 PostgreSQL planner 的优化器；一个是全新开发的 ORCA 优化器	支持类似物化视图的 Projection 机制实现内部查询优化，可以实现基于 Projection 的查询执行计划加速	直接基于关系代数算子等价展开理论，根据关系型运算的运算规律对查询、关联以及聚合等各类关联运算做各种优化转换和执行顺序调整，以实现复杂查询处理的性能提升
高可用机制	可以实现邻接节点上的副本部署，即副本数量只可以部署 1 个	通过 K-Safe 节点之间数据一致性机制，可容忍同时损坏 K 个节点。K 值理论上可以设置 2 以上	基于安全组定义实现，1 个安全组可以包含 2 节点（1 个副本）也可以包含 3 节点（2 个副本），节点之间数据一致
行列存储	支持行列混存	支持行列混存	支持行列混存

续表

功能需求	EMC Greenplum	HP Vertica	南大通用 GBase 8a
并发能力	通过单机 SMP 架构上的双向并行和 MPP 分布式的大规模并行能力，PostgreSQL 是基于 Multi-Process 的架构，这种架构在单节点上难以实现基于 CPU 多核的最大的并行能力	通过单机 SMP 架构上的多线程技术和 MPP 分布式的大规模并行能力，可以多线程并行地执行查询、加载和其他数据处理，节点越多，处理能力以线形能力增长，并发能力也就越高（但物理上受制于连接节点之间的网络带宽）	通过单机 SMP 架构上的双向并行和 MPP 分布式的大规模并行能力，单个节点上最大并发能力可达到 300 并发/节点，集群的并发能力与节点上成正比（但物理上受制于连接节点之间的网络带宽）
资源管理	提供资源管理功能（Workload Management）来管理数据库资源，利用资源队列管理可实现按用户组进行资源分配，如 Session 同时激活数、最大资源值等。通过资源管理功能，可以按用户级别进行资源分配和管理用户 SQL 查询优先级别，同时也能防止低质量 SQL（如没有条件的多表 join 等）对系统资源的消耗	内置资源管理器调整任务的内存分配、执行并发度、优先级等优化资源分配。同时通过资源池来分离在线分析查询、批量任务和即席查询等不同任务类型。通过以上资源管理和资源池机制可以灵活配置不同应用和用户的资源配额和查询优先级，从而实现多租户模式下的资源共享	内部支持内存扫描和内存的自动回收机制。并且通过定义各自不同的资源管理组，可以实现不同应用之间的资源隔离和资源占有时的优先级控制，通过此可以实现多租户式资源管理
读写隔离	通过 MoreVRP 机制实现用户之间的资源隔离；通过 MVCC 机制实现读写并行	专门为写操作优化开辟 WOS 内存领域，对于正在进行数据实施更新时的查询请求时，会同时从 ROS 和 WOS 查询合并，合并后结果返回客户端	对数据处理存在 Global Scope 和 Transaction Scope 两个领域，并且数据文件存在数据本身和表示删除的 BitMap 标签两个部分
数据备份	可以支持全量/增量备份	可以支持全量/增量备份	可以支持全量/增量备份

续表

功能需求	EMC Greenplum	HP Vertica	南大通用 GBase 8a
硬件平台	支持基于 X86 的 PC 服务器，刀片服务器	支持基于 X86 的 PC 服务器，刀片服务器	支持基于 X86 的 PC 服务器和刀片服务器，并支持 IBM Power Linux 平台
横向在线水平扩展	可以支持横向在线水平扩容	可以支持横向在线水平扩容	可以支持横向在线水平扩容
技术支持能力	中国国内完善的技术支持和售后服务能力尚待形成，技术支持的人力资源不足。产品为国外厂商开发，产品级别的调优和自定义对应十分困难	中国国内完善的技术支持和售后服务能力尚待形成，技术支持的人力资源不足。产品为国外厂商开发，产品级别的调优和自定义对应十分困难	拥有 130 人以上规模的技术支持团队，提供原厂 7×24 小时的技术服务，国内客户可以保证 4 小时（紧急时 2 小时）的到场服务。并且可以根据客户的具体需求，提供针对项目级别的产品自定义开发

3.2 可视化数据分析工具技术选型

3.2.1 可视化数据分析工具选型评估分析

在江苏省海洋经济运行监测与评估系统的建设过程中，可视化数据分析功能是应用层面的重要组成部分。各类海洋数据汇集到数据中心的最终目的，就是充分发掘利用这些数据，将其价值充分发挥出来。因此，系统需要功能强大且配置灵活的数据分析产品，对整个平台的数据分析需求进行支撑。

当前，国内外数据分析产品厂商，都在积极发展自身产品，并结合具体行业的特点，推出了丰富多样的解决方案。这些产品在具备基本的报表，查询，数据挖掘及可视化的同时，还有很多自身的优秀特点。通常，一个数据分析产品的定位及特点可以从以下几点进行评判。

1）易用性

与易用性形成对比的是复杂性，复杂性严重阻碍了新技术的采用，并带来了高昂成本。在数据分析挖掘产品上，针对非技术员工的易用性问题是数据分析方案应用的首要障碍。在组织中推行易用性强的数据分析挖掘产品，可加速分析产品的应用，帮助组织削减成本，提高效率和生产力。

2）投入成本

由于成本是用户的主要关注，人员培训、实施周期、业务变更、数据复杂度等导致的费用都要纳入总成本，而且这些隐性费用占总成本的比例较高。

在使用数据分析产品的客户中，管理者期望更多的人员通过使用数据分析产品提高效率，但是伴随着数据容量和数据分析产品复杂度不断增加，TCO（Total Cost of Ownership，总体拥有成本）过高成为很多组织实施数据分析产品的障碍。所以用户应选择适合的数据分析产品，既能满足众多部门不同的业务需求，又能实现高性价比和较低的总体拥有成本。

3）主流功能

过分追求功能特性只会造成应用架构的复杂，不仅大幅增加采购与维护成本，也会导致用户难以使用。对于数据分析产品来说，要能对不同层级的用户在合适的时间提供相应功能，并随着用户使用的深入，在保持易用性的同时逐步为用户提供更多的功能。系统中集成数据分析产品的目的之一，就是要提升数据洞察力与时间洞察力，所以系统提供的数据可视化功能的丰富度也是功能特性的重要评估指标。

4）灵活部署

采用最佳的部署方案，可以大幅提升数据分析产品实施的效率；提高各层面人员访问数据分析产品的能力；降低实施、维护及支持的成本。因此，本项目要求可以按自身情况和特点选择最适合本系统的数据分析产品及部署方式。

5）集成与扩展能力

业务是不断变化的，数据分析产品应能提供快速有效的集成和扩展解决方案，以适用于不同应用场景下与用户系统的完全整合。数据分析产品的各模块间应采用“松耦合，高内聚”的设计方式，其中的BI内容设计、前端展现、数据模型、用户权限等各个模块都能够被其他系统整体或单独整合，并应针对不同应用，提供多种集成解决方案。

3.2.2 主流可视化数据分析（BI）产品对比

对以下三家厂商产品（GBase BI，SAP BO，IBM Cognos）从如下几方面进行对比，包括易用性对比、成本对比、展现功能对比、数据可视化对比、即席查询和多维分析对比、部署对比、集成和扩展对比、服务对比。

1）易用性对比（表3-2）

表3-2 易用性对比

功能需求		GBase BI	SAP BO	IBM Cognos
设计易用性	统一可视化设计界面	支持	支持	支持
	易于创建数据源、数据集	支持	支持	支持
	具备图形化语义映射功能	支持	支持	支持
	支持多页签的链接、跳转	支持	不支持	不支持
	无需编程实现图形钻取、联动	支持	支持	支持
	支持Excel格式导入	支持	支持	支持
	支持可视化设计报表	支持	支持	支持
	具备丰富的布局控件	支持	不支持	支持
	具备丰富的图形组件	支持	支持	支持
	具备丰富的函数	支持	支持	支持
	支持维度扩展	支持	支持	支持
	支持度量统计函数	支持	支持	支持
	支持复杂KPI函数	支持	不支持	不支持

续表

功能需求		GBase BI	SAP BO	IBM Cognos
使用易用性	跨平台一致的操作方式	支持	不支持	不支持
	类 Windows 的 BI 门户	支持	不支持	不支持
	支持预警、定时发送图表	支持	支持	支持
	支持图、表的灵活切换	支持	不支持	不支持
	支持行列的灵活转换	支持	不支持	不支持
	支持行列锁定	支持	不支持	不支持
	支持全鼠标操作	支持	支持	支持
	无需安装特定程序或插件	支持	不支持	不支持
	具备图形动态效果	支持	不支持	不支持

2）成本对比（表 3-3）

表 3-3　成本对比

功能需求		GBase BI	SAP BO	IBM Cognos
人员要求	专业 IT 水平	无需	需要	需要
培训成本	培训时长	很短	中等	较长
	专业认证培训	无需	需要	需要
后期成本	后期维护成本	低	中等	较高
	复杂报表制作难易程度	容易	困难	困难
	最终客户掌握报表工具的难易程度	容易	中等	困难

3）展现功能对比（表 3-4）

表 3-4　展现功能对比

功能需求		GBase BI	SAP BO	IBM Cognos
数据展现	快速查询	支持	支持	支持
	支持表图互换	支持	支持	支持
	可生成图表	支持	支持	支持
	具备微型统计图	支持	支持	支持

续表

功能需求		GBase BI	SAP BO	IBM Cognos
数据分析	基于 GIS 的数据分析	支持	不支持	支持
	支持钻取、旋转操作	支持	支持	支持
	支持数据过滤	支持	支持	支持
	支持数字转化为图形的操作	支持	支持	支持
	支持数学、统计、财务的函数	支持	支持	支持
	支持时间序列分析	不支持	支持	支持
	提供集合运算功能	不支持	支持	支持
	具备“中国式”报表功能	支持	支持	不支持
	支持报表结果与数据源最新变动情况自动同步	支持	支持	支持
	除升降序外，支持客户对维度的自定义排序	支持	支持	支持
支持导出格式种类	PDF	支持	支持	支持
	PPT	支持	支持	支持
	EXCEL	支持	支持	支持
	TXT	支持	支持	支持
	IMAGE	支持	不支持	不支持

4）数据可视化对比（表 3-5）

表 3-5　数据可视化对比

功能需求	GBase BI	SAP BO	IBM Cognos
支持可视化拖拽	支持	支持	支持
支持无编程图形钻取	支持	不支持	不支持
支持无编程图形联动	支持	不支持	不支持
支持发布到 MS Office	支持	支持	支持
基于角色的视图（多页签）	支持	支持	支持
支持数据过滤（全局/局部）	支持	支持	支持
可嵌入门户或应用系统	支持	支持	支持
支持个性化变更（更改度量或类型）	支持	不支持	不支持

续表

<table>
<tr><th colspan="2">功能需求</th><th>GBase BI</th><th>SAP BO</th><th>IBM Cognos</th></tr>
<tr><td colspan="2">支持鼠标悬停信息提示</td><td>支持</td><td>支持</td><td>支持</td></tr>
<tr><td colspan="2">滑动可改变变量</td><td>不支持</td><td>支持</td><td>支持</td></tr>
<tr><td colspan="2">支持链接到相关内容</td><td>支持</td><td>支持</td><td>支持</td></tr>
<tr><td colspan="2">能够进行数字转化为图形的操作</td><td>支持</td><td>支持</td><td>支持</td></tr>
<tr><td rowspan="10">支持的图形种类</td><td>多坐标轴支持</td><td>支持</td><td>支持</td><td>支持</td></tr>
<tr><td>三维图</td><td>支持</td><td>支持</td><td>支持</td></tr>
<tr><td>柱形/条形/折线/饼图常规图形</td><td>支持</td><td>支持</td><td>支持</td></tr>
<tr><td>堆叠/面积/气泡/热点图形</td><td>支持</td><td>支持</td><td>支持</td></tr>
<tr><td>雷达图/树图</td><td>支持</td><td>支持</td><td>支持</td></tr>
<tr><td>子弹图/温度计/仪表盘</td><td>支持</td><td>支持</td><td>支持</td></tr>
<tr><td>线点/柱线等组合图</td><td>支持</td><td>支持</td><td>支持</td></tr>
<tr><td>人口金字塔</td><td>支持</td><td>不支持</td><td>不支持</td></tr>
<tr><td>杜邦分析图</td><td>不支持</td><td>支持</td><td>支持</td></tr>
<tr><td>预警/红绿灯等图形</td><td>支持</td><td>支持</td><td>支持</td></tr>
<tr><td rowspan="3">动态效果</td><td>报表</td><td>支持</td><td>不支持</td><td>不支持</td></tr>
<tr><td>即席查询</td><td>支持</td><td>不支持</td><td>不支持</td></tr>
<tr><td>图表</td><td>支持</td><td>支持</td><td>不支持</td></tr>
</table>

5）即席查询和多维分析对比（表 3-6）

表 3-6 即席查询对比

功能需求	GBase BI	SAP BO	IBM Cognos
具备独立的 OLAP 服务器	支持	不支持	支持
完全的 B/S 架构	支持	不支持	不支持
具备计算、预警等辅助功能	支持	支持	支持
支持 MDX 语言	支持	不支持	支持
支持生成统计图	支持	支持	支持

续表

功能需求		GBase BI	SAP BO	IBM Cognos
OLAP 分析	直接通过浏览器进行 OLAP 分析	支持	支持	支持
	旋转、切片、切块、钻取	支持	支持	支持
	从汇总到详细数据的钻透	支持	支持	支持
	跨主题的交叉钻取功能	不支持	支持	支持
	统计函数的支持	支持	支持	支持
	具备数据过滤	支持	支持	支持

6）部署对比（表 3-7）

表 3-7　部署对比

功能需求		GBase BI	SAP BO	IBM Cognos
OLAP 分析	GBase 8a	支持	支持	支持
	Oracle	支持	支持	支持
	Teradata	支持	支持	支持
	DB2	支持	支持	支持
	Sybase	支持	支持	支持
	Informix	支持	支持	支持
	SQL Server	支持	支持	支持
	MySql	支持	支持	支持
Web Server	IBM WebSphere	支持	支持	支持
	WebLogic	支持	支持	支持
	JBOSS	支持	支持	支持
	Tomcat	支持	支持	支持
操作系统	Windows 2003 及以上	支持	支持	支持
	Solaris	支持	支持	支持
	AIX	支持	支持	支持
	Linux	支持	支持	支持
部署架构	纯 Browser/Server	支持	—	—

续表

功能需求		GBase BI	SAP BO	IBM Cognos
浏览器支持	IE	支持	支持	支持
	FireFox	支持	—	—
	Netscape	支持	支持	支持
	Opera	支持	不支持	不支持
	Mosaic	支持	不支持	不支持
内置个性化主页及 Portal		支持	支持	支持
多语言	中文	支持	支持	支持
	英文	支持	支持	支持
无需安装产品插件		支持	不支持	不支持
以应用服务器为服务器中心		支持	支持	支持
数据源管理	多数据库线程管理	支持	支持	支持
	部署方式灵活性	支持	支持	支持

7）集成和扩展对比（表 3-8）

表 3-8　集成和扩展对比

功能需求		GBase BI	SAP BO	IBM Cognos
二次开发	开发工作量小	支持	不支持	不支持
	无需界面调整	支持	支持	支持
	无需对应开发技能	支持	不支持	不支持
SDK 开放程度	开放程度高	支持	支持	支持
	开发简单	支持	不支持	不支持
	无编码实现单点登录	支持	支持	支持
语义建模工具为纯 B/S 结构		支持	不支持	不支持
支持集中的用户权限管理		支持	支持	不支持
访问权限级别	到表的控制级别	支持	支持	支持
	到字段的控制级别	不支持	支持	支持
	到维度的控制级别	支持	支持	支持
	到数据行的控制级别	支持	支持	支持

续表

功能需求		GBase BI	SAP BO	IBM Cognos
扩展能力	提供元数据管理工具	支持	支持	支持
	嵌入其他管理软件	支持	支持	不支持
	提供负载平衡功能	支持	支持	不支持
	提供冗余和故障恢复	不支持	支持	不支持
	提供数据挖掘扩展	不支持	支持	支持
	提供数据抽取扩展	支持	支持	支持
	提供建模工具	支持	支持	支持
	提供单独的报表工具	支持	支持	支持
支持 MS office 集成		支持	支持	支持

8）移动应用对比（表 3-9）

表 3-9　移动应用对比

功能需求		GBase BI	SAP BO	IBM Cognos
应用平台	苹果的 iOS 平台	支持	支持	支持
	谷歌的 Android 平台	支持	支持	支持
	微软的 Mobile 平台	支持	支持	支持
支持展现方式	FLASH	支持	支持	支持
	HTML5	支持	支持	不支持
图形组件处理能力	显示效果精美流畅	支持	支持	支持
	支持动画渐变	支持	不支持	不支持
	支持多点触控	不支持	不支持	不支持
	图形支持直观读取	支持	支持	支持
	支持在线多维分析	支持	支持	支持
	支持离线图表浏览	支持	支持	支持
	支持全部图形组件	支持	支持	支持
特殊功能	支持预警监控	支持	支持	支持
	支持 GIS 集成	支持	不支持	不支持
	支持下载脱机图表	支持	支持	支持
	支持实时数据视图	支持	支持	支持

9）服务对比（表 3-10）

表 3-10　服务对比

功能需求		GBase BI	SAP BO	IBM Cognos
产品升级	针对客户需求进行升级	支持	不支持	不支持
	升级频率高	支持	不支持	不支持
	完善的文档和错误支持	支持	支持	支持
	可进行客户定制	支持	不支持	不支持
厂商分公司支持	北京	支持	支持	支持
	天津	支持	支持	支持
	其他	支持	支持	不支持
提供原厂的技术支持		支持	支持	支持
提供定制化服务内容		支持	不支持	不支持
提供快速的响应		支持	支持	支持

经过以上分析比较，江苏省海洋经济运行监测与评估系统最终决定在采用 GBase 8a 产品作为分析型 OLAP 数据仓库的前提下，采用 GBase BI 作为配套数据分析及展现工具，以充分发挥 GBase 系列产品的性能优势。

3.3　GIS 平台技术选型

3.3.1　GIS 平台选型评估分析

GIS 萌芽于 20 世纪 60 年代初，是一个基于计算机的信息系统，在计算机软、硬件系统的支持下进行空间数据的输入、存储、检索、运算和综合分析和应用。目前商业化的 GIS 开发工具软件发展迅猛，据统计全球已有 40 多种 GIS 软件产品。

对于国外软件来说，由于 GIS 技术研究起步早，软件产品已经相当成熟。美国环境研究所（ESRI）的 ArcGIS、MIS 公司的 MapInfo 等都是有名的国外 GIS 软件，在全球占有较大市场，知名度较高。对于国内软件来说，也已经产生了一批具有自主知识产权的 GIS 基础软件。目前国内最具影响力的 GIS 软件主要有中地公司的 MapGIS、吉奥公司的 GeographicStar 和超图公司的 SuperMap。

3.3.2 主流 GIS 平台产品对比

目前在国内市场占据主导地位的国际著名 GIS 软件有 ArcGIS，国产 GIS 软件有 MapGIS，SuperMap。下面针对这三种产品进行比较。

1）产品体系比较

按照用途将 GIS 软件分为以下几种类型：空间数据库引擎、基于 SOA 的服务 GIS、网络地图发布 WEBGIS、高端客户端二次开发组件、高端桌面 GIS 软件、中低端客户端二次开发组件、中低端桌面 GIS 软件、嵌入式 GIS 软件。从技术门槛来看前面五类软件的技术门槛较高。

各主要厂商的产品体系如表 3-11 所示。

表 3-11　GIS 产品体系比较

GIS 软件产品类型	用途	厂商	产品名称
空间数据库引擎	由于 GIS 数据不属于关系型数据，空间数据存储到商业 DBMS 中必须以二进制方式存储，因此，需要用于在商业 DBMS 上存储、组织和管理空间数据的引擎，实现数据存储、索引、访问、操作和空间运算等能力	ESRI	ArcGIS Server Basic（ArcSDE）
		MapGIS	MapGIS GDB（不独立出售）
		SuperMap	Supermap SDX（不独立出售）
基于 SOA 架构服务 GIS	基于 Web Service 方式实现基于 SOA 的高级地理信息系统服务的功能	ESRI	ArcGIS Server Standard/Advanced
		MapGIS	无
		SuperMap	SuperMap iServer
网络地图发布 WebGIS	用于在 Web 环境下发布地图，用户可通过浏览器访问服务器网站获得地图请求和应用	ESRI	ArcIMS
		MapGIS	MapGIS-IMS
		SuperMap	SuperMap IS
高端 GIS 桌面客户端软件	用于在桌面端实现高级的、复杂的空间数据处理、编辑和高级的分析功能	ESRI	ArcInfo
		MapGIS	无
		SuperMap	无

续表

GIS 软件产品类型	用途	厂商	产品名称
高端 GIS 桌面定制开发组件包	用于在桌面客户端开发高端 C/S 应用系统，通过网络访问空间数据库服务器中的数据构建相应的应用	ESRI	ArcGIS Engine
		MapGIS	无
		SuperMap	无
中低端 GIS 桌面客户端软件	以地图表达、空间数据处理功能为主，实现基础的诸如地图打印、扫描矢量化及简单的分析功能	ESRI	ArcEditor
		MapGIS	MapGIS
		SuperMap	SuperMap Desktop
中低端 GIS 桌面定制开发组件包	用于在桌面客户端开发简单 GIS 应用系统。随着技术发展，将逐渐发展到高级组件开发包	ESRI	MapObjects
		MapGIS	MapGIS 开发包
		SuperMap	SuperMap Objects
嵌入式 GIS 平台	用于在移动终端上开发相应的 GIS 应用	ESRI	ArcPad
		MapGIS	MapGIS-EMS
		SuperMap	eSuperMap

从表 3-11 可见，ESRI 产品线完整、全面，其他 GIS 软件基本产品体系具备但在高端 GIS 产品线方面明显存在不足。

2）产品功能性能比较（表 3-12）

表 3-12　GIS 产品功能比较

生产厂商	ESRI	MapGIS	SuperMap
产品名称	ArcGIS Server Basic (ArcSDE)	MapGIS GDB（不独立出售）	SuperMap SDX（不独立出售）
支持的数据库系统	Oracle DB2 Informix SQL Server	Oracle SQL Server	Oracle DB2 SQL Server Sybase Kingbase DM3

续表

生产厂商	ESRI	MapGIS	SuperMap
跨平台	windows，Unix（HP UX，IBM AIX，SUN Solaris），Linux（SUSE，RedHat，红旗），等等	windows	windows
开放的开发接口	SDE C-API SDE JAVA-API 各类GIS平台可以访问	无，只能MapGIS访问	无，只能SuperMap访问
空间数据模型	可以管理所有空间数据格式：影像，矢量，网络，三维地表，元数据	可以管理所有空间数据格式：影像，矢量，网络，三维地表	可以管理所有空间数据格式：影像，矢量，网络，三维地表
	多种影像管理方式，包括影像集，影像目录等	不支持影像集，影像目录等	支持有损压缩，不支持影像集，影像目录等
	支持在DBMS中定义和存储空间数据完整性约束，包括定义属性域，子类等	不支持定于数据完整性约束关系	不支持定于数据完整性约束关系
	支持定义空间数据之间的规则：包括连接规则，关系规则，拓扑规则	支持定义空间数据之间的规则	支持定义空间数据之间的拓扑规则，但不支持连接规则，关系规则
	支持UML建模	不支持UML建模	不支持UML建模
空间数据管理能力	特有的分布式空间数据库分布式复制技术	支持分布式空间数据管理	不支持空间数据分布式复制
	基于长事务的版本管理功能	不支持基于长事务的版本管理	多用户编辑基于锁定的机制，不支持基于长事务的版本管理
	支持GeoDatabase	不支持GeoDatabase	不支持GeoDatabase

续表

生产厂商	ESRI	MapGIS	SuperMap
性能	整型，快速数据访问存储	较快的数据访问存储能力	较快的数据访问和存储能力
	动态高效空间索引	较好空间索引	好的空间索引，但不支持影像动态空间索引
	稳健高效的空间运算能力	空间运算能力一般	空间运算能力较差

3）技术支持、服务能力比较（表 3-13）

表 3-13　GIS 产品服务能力比较

分类	ESRI	MapGIS	SuperMap
公司类型	国际	国内	国内
产品开发人数	专业从事平台开发的工程师近 3 000 人	专职平台技术研发人员不超过 50 人	从事产品研发的约 30 人
产品测试人数	专业从事产品测试和编写产品说明术的工程师有 300 人。其中测试队伍超过 100 人	少于 10 人	从事产品测试的工程师约 10 人
国内服务机构	ESRI 在中国设立 4 个技术服务机构（北京、上海、广州、成都），为全国的用户提供系统建设顾问式咨询、技术解答，培训等全面服务	北京/武汉/深圳/新疆，但只有武汉具有研发支持能力	技术服务机构设立在北京，杭州有 3~4 名技术服务人员。在其他省市没有专门的技术服务机构

续表

分类	ESRI	MapGIS	SuperMap
国内技术服务团队	售前技术支持团队； 售后技术服务团队； 解决方案级技术咨询团队； 专业技术工程师60多人	分别具有平台、国土、电信、管线、数据技术服务团队，分布在北京、武汉、深圳、新疆	软件产品技术服务部，大约20人左右
国内专业培训机构	ESRI中国培训中心依托中科院地理所，成立于1995年，设立正规的技术培训课程和专门的培训教师。培训学员已经超过20 000人次。目前是国内GIS唯一专业培训机构	无社会化专业培训机构，以公司自主培训为主	无社会化专业培训服务机构，以公司自主培训为主
在国内使用历史	自1989年进入中国市场至今已服务国内GIS 17年，产品广泛应用于40几个行业 （ESRI公司创建于1969年）	1991研制成功MAPCAD彩色地图编辑出版系统，1992年成立中地公司	2000年成立至今，COM组件产品有一定的用户，由于公司战略调整，导致基于Java的平台研制周期过长，目前在国内应用有限
基础地图数据条件	ArcGIS被广泛应用于国内基础地理数据提供方，其标准数据格式Geodatabase也成为主要数据标准。Geodatabase，E00，Shapefile是开放的标准数据格式	封闭的数据格式	产品在基础地图数据生产及建库中应用有限。封闭的数据格式

续表

分类	ESRI	MapGIS	SuperMap
国际用户情况	ESRI 发展 40 年来，技术成熟，用户遍及世界各地	不详	在日本、韩国、新加坡、印度等亚洲地区有少量的应用
国内用户情况	产品应用于国内 40 几个行业。用户量超过 4 000个，软件装机量超过 10 万台	在土地、电信有相对较好的用户基础	有一定的客户使用，具体不详
空间数据开放能力	提供 Shapefile，E00，Geodatabase 标准数据转换格式，数据开放能力强，使用方便	无	无通用开放数据格式，需要通过软件自身进行转换
SOA 符合度	ArcGIS Server 从 9.0 到 9.2，多年来经历了诸多大项目的历练。技术成熟、稳定	无相应产品	有初步产品，但不太成熟
网络 GIS 发布能力	网络 GIS 发布技术先进、稳定成熟； 支持元数据发布； 在国内被广泛应用	不详	稳定性待加强； 不支持元数据发布； 国内应用有限
GIS 组件开发能力	开发能力强，且可跨平台运行； 水利等行业有广泛的应用	不详	开发是面向对象的，而非面向端口，开发能力有限
GIS 组件跨平台能力	ArcGIS 的各个部分可以同时运行在 windows，Unix 或 Linux 上	无跨平台能力	在 Java 上运行功能少，很不稳定，不能通过测试

综上所述，ArcGIS 具有高稳定性，广泛的系统兼容行。多用户并发访问环境下在数据一致性与高效性方面具有明显优势，满足江苏省海洋与渔

业局对高并发访问的效能要求。在此基础上，ArcGIS 具有安全、保密等特性，可以保证江苏省海洋与渔业局对系统的高安全性的要求。因此江苏省海洋经济运行监测与评估系统采用了国际著名 GIS 软件 ArcGIS 产品。

第4章　数据规范与数据处理

面对江苏省海洋经济运行监测与评估系统这样涵盖业务范围较广、数据类型多样、操作用户多的大型综合信息与网络化系统，要实现多应用系统的数据、应用和系统的集成，实现数据集成，最大限度地进行互操作，必须建立完善的标准规范体系。如果缺乏标准化和规范化，项目建设势必难以兼容互通，信息资源难以共享，而且还将浪费大量的资源、经费和时间。因此，必须依据项目建设的目标和任务，建设相配套的标准规范体系，保障标准的可持续发展能力，建立切实可行的相关标准和规范。

本章节以江苏省海洋经济运行监测与评估系统业务数据管理分析为切入点，结合海洋经济数据自身业务特点与数据分析类信息化项目建设全过程，从海洋经济数据准备、海洋经济数据共享与交换体系设计、海洋经济数据仓库体系、海洋经济数据库建设和海洋经济数据采集、核算与评估五个方面进行展开介绍，明确定义了海洋经济数据从数据共享、数据采集到数据库建设、数据仓库建设的大数据分析全流程，使读者获得本系统数据规划方面整体、直观的了解。

4.1　海洋经济数据准备

数据准备作为江苏海洋经济数据分析的基础和出发点，在海洋经济监测与评估系统中处于基础先导地位，要让数据在江苏海洋经济监测与评估工作中产生价值，至关重要的前提就是要保证在实施过程中这些数据是准确、真实地来源于江苏海洋经济的数据。“不积跬步，无以至千里；不积小流，无以成江海。”用这句古训来形容信息化建设的基本工作的重要性再恰当不过了。在项目建设实施过程中，基础数据准备工作千头万绪、工作量最大、耗时最长、涉及面最广、最容易出错，是一项艰苦细致的工作。

经过分析研究，海洋经济数据准备工作包括：数据填报模板准备，历年统计数据准备，核算及相关数据准备，评估展示数据准备四个部分。

（1）数据填报模板准备，主要工作包括根据江苏省海洋经济历年统计数据，核算数据，用海企业、沿海开发区企业的数据填报需求制作相应的数据填报模板；

（2）历年统计数据准备，主要工作是整理自 1997 年以来各年的海洋统计报表和年鉴的数据；

（3）核算及相关数据准备，主要工作是利用核算公式，以各年的统计数据、国民经济数据为基础进行核算数据计算；

（4）评估展示数据准备，主要工作是利用评估展示数据计算公式和相关统计、核算、国民经济等方面的数据来计算评估展示数据。

4.1.1 数据填报模板准备

海洋经济数据填报模板依据《海洋统计报表制度》、《海洋生产总值核算制度报表》、《江苏省海洋经济统计指标体系》、《用海企业调查表》和《涉海企业调查表》等制度和体系开展了以下工作。

（1）从中提取出各类指标，并将这些指标全部录入系统中，并根据各类指标间的相互关系，在系统中进行初始设置，共设置了约 7 000 个指标及其相关指标项。

（2）根据各个制度利用已经初始化好的指标进行模板制作，首先根据各个制度不同时间分成不同的版本，每个版本中再制作相应的填报模板，以保证数据的连续性和一致性。共制作模板 576 个。

4.1.2 历史统计数据准备

历史统计数据准备是对自 1997 年以来的数据进行整理和录入系统的工作，共完成以下工作任务。

（1）整理《海洋统计报表制度》的数据，按照历年数据对应的模板将收集到的数据分别归类，并将数据整理为可以导入到系统中的格式，再分批导入系统中，最后对数据进行校核，以保证数据正确。

（2）整年历年《中国海洋统计年鉴》的数据，收集了从 2001 年到 2012 年共 12 年的年鉴数据文件，将 Excel 和 PDF 格式的历史数据，统一归纳整理为 Excel 文件，并结合海洋经济监测与评估具体需求，提炼出相关合计 39 个指标，并按年导入到系统中。

4.1.3　核算及相关数据准备

核算及相关数据准备是根据《江苏省海洋生产总值核算技术报告》中涉及数据进行收集，完成以下工作。

（1）分析报告中所有公式，提取出需要的关键性指标，生成指标要素表，再从历年的海洋经济统计报表制度和核算制度数据中对应找出相应指标，生成未对应指标列表。

（2）根据未对应指标列表，从其他渠道收集指标，共收集了经济普查指标 36 个，规模以上企业工业指标 39 个，工业增加值率指标 42 个，其他类指标 20 个。

4.1.4　评估展示数据准备

评估展示数据准备是根据评估模型公式需要的指标收集整理相关数据，主要完成以下工作。

（1）分析各个评估模型公式，提取公式中需要的指标，生成指标要素表，再从已有各类历史指标中找出对应指标，最后生成未对应指标列表。

（2）根据未对应指标列表从其他渠道收集相应指标，共收集评估录入指标 95 个，再根据历年数据进行录入。

4.2　海洋经济数据共享与交换体系设计

4.2.1　数据项定义

数据项定义是江苏省海洋经济运行监测与评估系统建设的重要工作之一。只有定义全面、合理、准确的数据标准，才能有效地利用数据，建设江苏省海洋经济运行监测与评估系统。数据定义标准基于江苏省海洋经济运行监测与评估系统全部业务的特点及所涉及的数据，参考现有的网站、OA 及其他系统数据，定义数据项的命名规则、数据类型、数据长度、数据值域、数据含义等数据定义标准，作为数据库设计的参考依据。数据标准制定的依据如下：

（1）建立数据标准制定规范；

（2）有国家（行业）标准的，优先遵循国家（行业）标准；

（3）即将形成国家（行业）标准的，争取在标准基本成熟时，将该标准率先引入试用；

（4）无国家（行业）标准的，等效采用或约束使用国际标准；

（5）无参照标准的，按标准制定规范，自行研制；

（6）在编写数据定义和共享交换标准时，需特别考虑到未来的发展和变化；

（7）数据标准规范依据如上要求制定数据表规范、索引规范、视图规范、序列规范、触发器规范等。本项目建设的数据库内容按制定的标准规范实施。

4.2.2 元数据管理

元数据是数据仓库的应用灵魂，也是构建数据模型的基础。通常把元数据分为技术元数据（Technical Metadata）和业务元数据（Business Metadata）。

1）技术元数据

技术元数据是描述关于数据仓库技术细节的数据，这些元数据应用于开发、管理和维护数据仓库，它主要包含以下信息：

（1）数据仓库结构的描述，包括仓库模式、视图、维、层次结构和导出数据的定义，以及数据集市的位置和内容；

（2）业务系统、数据仓库和数据集市的体系结构和模式；

（3）汇总用的算法，包括度量和维定义算法，数据粒度、主题领域、聚合、汇总和预定义的查询与报告；

（4）由操作环境到数据仓库环境的映射，包括源数据和它们的内容、数据分割、数据提取、清理、转换规则和数据刷新规则及安全（用户授权和存取控制）。

2）业务元数据

业务元数据从业务角度描述了数据仓库中的数据，它提供了介于使用者和实际系统之间的语义层，使得不懂计算机技术的业务人员也能够“读懂”数据仓库中的数据。业务元数据主要包括以下信息：

（1）使用者的业务术语所表达的数据模型、对象名和属性名；

（2）访问数据的原则和数据的来源；

（3）系统所提供的分析方法及公式和报表的信息。

3）元数据管理的要求

本系统的元数据数量庞大并且关系复杂，元数据管理应该符合以下要求。

（1）一致性

对元数据的操作应保证元数据的一致性和完整性。对某一元数据修改时，必须使其他相关元数据同步更新。

（2）完备性

能够对所有元数据进行统一管理，满足任何元数据操作的需要。

（3）易维护性

通过该模块对元数据的操作管理应逻辑清晰、简便易行。

本系统元数据的管理是在各功能模块的管理维护中实现。在通过本系统各个功能模块对数据仓库各部分和数据挖掘任务进行建立、修改和日常维护时，元数据中的相应内容也同时得到维护。用户在管理数据仓库和数据挖掘任务的同时也就是在管理元数据。实际上，用户就是通过各个功能模块中对后台元数据进行维护来实现对整个系统的管理。

对元数据各部分内容的管理，分布在系统中的数据抽取和集成模块、主题组织模块、OLAP 模块、数据挖掘任务编辑模块及算法管理模块等各个模块之中。

4.2.3　数据共享与交换

数据共享与交换可以使更多的人更充分地使用已有数据资源，减少资料收集、数据采集等重复劳动和相应费用。随着信息时代的不断发展，不同部门、不同地区间的信息交流逐步增加，各部门、各系统之间的数据共享与交换需求更加突出；同时，计算机网络技术的发展从技术层面为数据共享与交换提供基础保障。

江苏省海洋经济运行监测与评估系统实现与国家海洋局海洋经济运行监测数据采集系统、江苏省涉海部门的数据共享与交换。

1）与国家海洋局海洋经济运行监测数据采集系统进行数据共享与交换

江苏省海洋经济运行监测与评估系统通过数据访问接口的形式实现与

国家海洋局的海洋经济运行监测数据采集系统数据共享与交换。数据访问接口实现自动与国家海洋局服务器接口的数据同步功能。在企业上报和省局审批数据的同时将数据同步上报给国家局服务器，同步要包括实时同步和定时同步两种方式。江苏省海洋经济运行监测与评估系统可生成各种上报给国家局的报表，报表可设置成模板保存，并可根据数据变化定时更新，生成的上报报表数据可修改保存并可导出。系统通过实现接口的方式将上报的数据上报给国家海洋局，上报报表中的指标项和格式变化时，在不需要修改代码和数据结构的情况下，可通过配置文件的方式实现。

数据共享与交换接口在技术上采用 WebService 服务的形式实现数据上报同步，交换报文选择 XML 格式。江苏省海洋经济监测预评估系统在采集企业上报数据的同时通过此接口同步到国家海洋局采集系统中，并且每天要定时同步遗漏数据。数据共享与交换接口分为内网同步接口和外网同步接口，主要包括企业信息同步和企业上报数据同步。同时还实现了上报数据的指标要求。

（1）系统同步接口

江苏省海洋经济运行监测与评估系统通过海洋专网实现与国家海洋局海洋经济运行监测数据采集系统同步，同步接口包括企业信息接收接口、修改企业信息接收接口、增加企业上报数据接收接口、修改企业上报数据接收接口、企业上报数据同步接口及省局上报数据导入接口，接口定义见表 4-1。

表 4-1　系统同步接口清单

接口名称	输入/输出	报文中文名称
企业信息接收接口	输入	企业信息接收请求
	输出	企业信息接收应答
修改企业信息接收接口	输入	企业信息接收请求
	输出	企业信息接收应答
增加企业上报数据接收接口	输入	增加企业上报数据请求
	输出	增加企业上报数据应答
修改企业上报数据接收接口	输入	修改企业上报数据请求
	输出	修改企业上报数据应答
企业上报数据同步接口	输入	企业上报数据同步请求
	输出	企业上报数据同步应答

续表

接口名称	输入/输出	报文中文名称
省局上报数据导入接口	输入	省局上报数据导入请求
	输出	省局上报数据导入应答

（2）总体报文结构

数据采用 XML 报文的格式进行交换。报文分为两部分，技术报文和业务报文，业务报文通过技术报文的一个节点被封装在其中，两部分报文的内容如下：

技术报文：用于标识报文的基本属性，包括当前服务标识、来源号；

业务报文：用于存放具体交易业务体，其内容由相应的交易类型决定。

① 技术报文数据项（表 4-2）

表 4-2　技术报文数据项

数据项标识	数据项描述	数据项类型	强制/可选	父节点标识
oedasPackage	报文根节点	Complex	M	
identity	整个交易过程中的标识	Complex	M	oedasPackage
serviceId	业务服务标识	String	M	identity
channelId	来源的标识	String	M	identity
globalBusinessId	全局的交易编号	String	O	identity
password	请求的访问口令	String	O	identity
businessContent	业务体内容	Complex	M	oedasPackage
subPackage	数据包	Complex	O（可多）	businessContent
id	包编号	String	M	subPackage
content	数据包业务报文	String	M	subPackage
returnState	执行情况	Complex	O	oedasPackage
returnCode	执行状态	String	M	bizRtnState
returnMessage	返回信息	String	M	bizRtnState

② 技术报文 XML 报文结构

根节点为 oedasPackage，技术报文的 XML 报文结构见图 4-1，图中由虚线框表示的节点为非必选的部分，后续结构图同样如此。

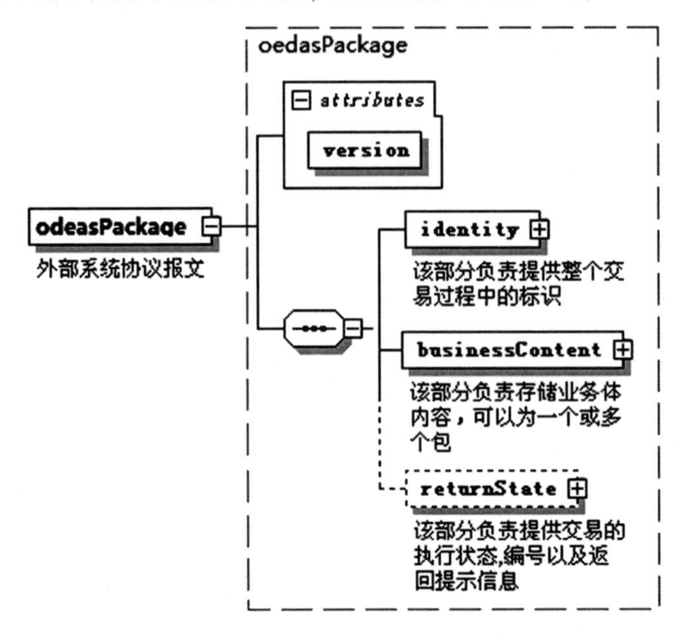

图 4-1　技术报文 XML 报文结构

③ 业务报文 XML 报文结构

业务报文在 oedasPackage/businessContent/subPackage/content 节点下，业务报文以 cpXML 为根结点，图 4-2 展示了业务报文所共有的根结点及属性，具体业务体内容会继承这些特性，并对其进行扩充（表 4-2）。

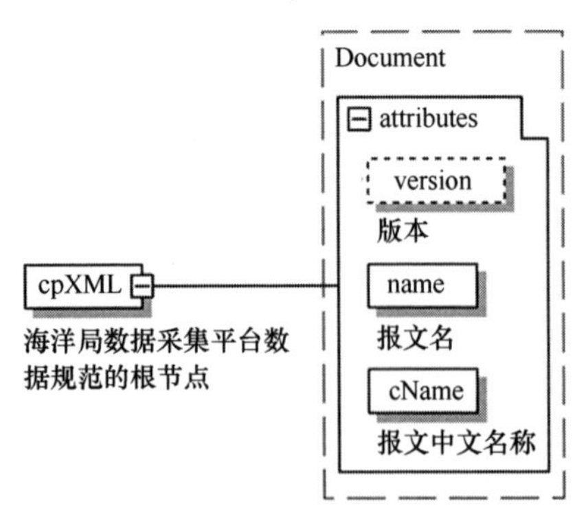

图 4-2　业务报文 XML 报文结构

2）与江苏省涉海部门进行数据共享与交换

江苏省海洋经济运行监测与评估系统实现与江苏省“省-市-县”三级涉海部门间的数据交换。数据交换采用集中式数据交换的方式，建立起海洋行政主管部门和涉海部门之间的数据交换途径。

数据共享与交换主要功能如图4-3所示。

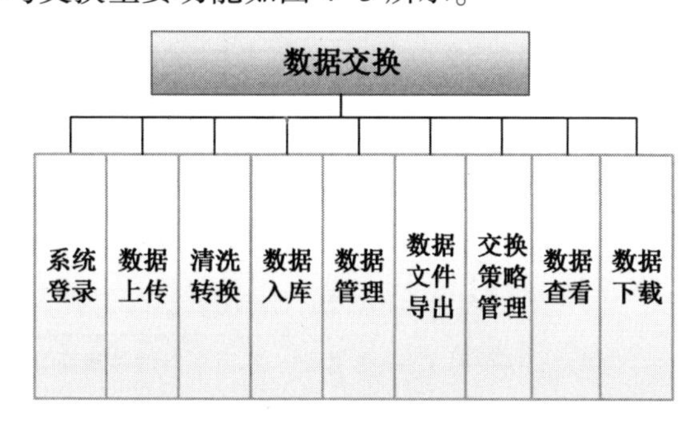

图4-3　数据交换子系统功能结构图

从数据共享交换流向上，可以分为涉海部门向海洋行政主管部门提供数据和海洋行政主管部门向涉海部门提供数据两种交换类型。

（1）涉海部门向海洋行政主管部门提供数据（图4-4）

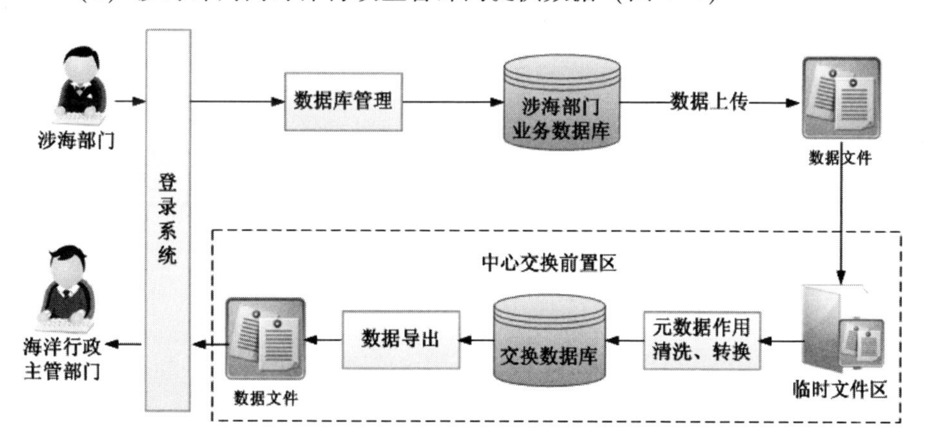

图4-4　涉海部门向海洋主管部门提供共享数据

在涉海部门向海洋行政主管部门提供数据的过程中，数据共享与交换主要实现的功能如表4-3所示。

表 4-3　涉海部门数据共享功能清单

功能	说明
登录系统	支持各级海洋行政主管部门和涉海部门登录涉海部门数据交换子系统，通过系统界面的引导，完成数据交换所需的操作
数据上传	支持将涉海部门从业务数据库导出的数据文件上传到中心交换前置机上的临时文件区
清洗转换	在元数据的作用下，对临时文件区存储的数据文件进行清洗和转换，将不同标准规范下的海洋相关数据统一转换成符合统一的数据标准与数据
数据入库	将清洗转换后的数据存入交换数据库
数据管理	支持对交换数据库里的数据进行查询和统计
数据文件导出	按需将交换数据库里的数据导出，海洋行政主管部门的工作人员可以用移动存储设备拷贝数据文件

（2）海洋行政主管部门向涉海部门提供数据（图 4-5）

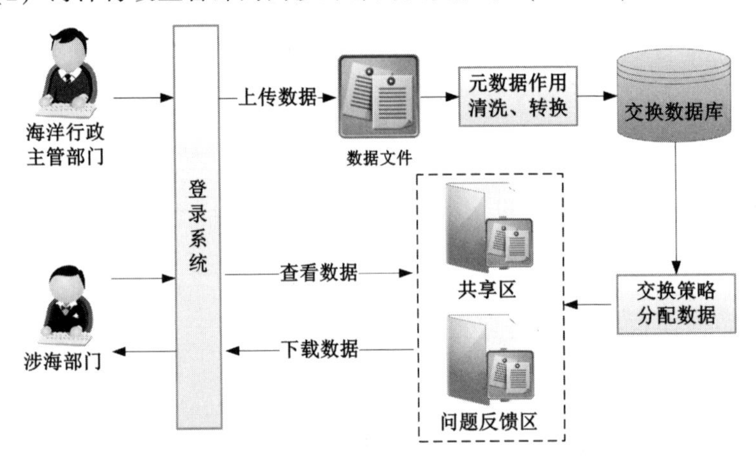

图 4-5　海洋行政主管部门向涉海部门提供共享数据

在海洋行政主管部门向涉海部门提供数据的过程中，数据共享与交换主要实现的功能如表 4-4 所示。

表 4-4　海洋行政主管部门数据共享功能清单

功能	说明
登录系统	支持各级海洋行政主管部门和涉海部门登录数据交换子系统，通过系统界面的引导，完成数据交换所需的操作
数据上传	支持海洋行政主管部门上传需要共享的数据文件
清洗转换	在元数据的作用下，将满足海洋行政主管部门标准规范的共享数据进行转换，使其满足涉海部门定义的数据标准
数据入库	通过元数据的作用转换后的共享数据，存储到交换数据库，并以密文的形式保存
交换策略管理	支持定义和修改交换策略，用于控制不同的数据分配给不同的涉海部门。匹配完交换策略的数据，传输到共享区，海洋行政主管部门对数据的反馈意见保存至问题反馈区
数据查看	支持涉海部门对共享数据进行查看，有新的共享数据时，涉海部门可以得到更新提示
数据下载	支持涉海部门下载共享数据文件到本地

4.3　海洋经济数据仓库体系设计

数据仓库是一个面向主题的、集成的、相对稳定的、反映历史变化的数据集合，用于支持管理决策。

数据仓库是一个综合的、面向分析的环境，以更好支持决策分析。数据仓库系统包括数据仓库技术、联机分析处理技术和数据挖掘技术，其中数据仓库的联机分析处理技术和数据仓库技术与“数据分析和应用层”有关。

数据仓库中的数据面向主题，每一个主题对应一个宏观的分析领域。数据仓库反映的是历史数据，而不是日常事务处理产生的数据，数据经加工和集成进入数据仓库后是极少或根本不修改的；数据仓库是不同时间的数据集合，它要求数据仓库中的数据保存时限能满足进行决策分析的需要，而且数据仓库中的数据都要标明该数据的历史时期。

数据仓库的特征在于面向主题、集成性、稳定性和时变性，用于提供完整的业务视图。数据仓库区是分析型数据的统一存储，在数据中心内部建立统一的数据架构和数据模型，沉淀来自各业务系统的数据，采用多维分析和数据挖掘手段，细分市场和客户，为各个部门、各个层面的使用者的信息查询、分析、决策支持等需求提供全方位的数据支撑服务。数据仓库从根本上解决了沉淀数据分散重复、共享困难和信息孤岛问题，充分发挥数据资源价值，提高在信息化建设方面的投资回报率。

4.3.1 数据仓库设计原则及流程

由于星形模型聚合快、分析效率高，因此企业数据仓库一般采用星形架构，采用面向主题方式设计模型，采用自顶向下逐层分解方法设计企业数据仓库模型。

星形模型是最常用的数据仓库设计结构的实现模式，它使数据仓库形成了一个集成系统，为最终用户提供报表服务，为用户提供分析服务对象。星形模式通过使用一个包含主题的事实表和多个包含事实的非正规化描述的维度表来支持各种决策查询。星形模型可以采用关系型数据库结构，模型的核心是事实表，围绕事实表的是维度表，通过事实表将各种不同的维度表连接起来，各个维度表都连接到中央事实表。维度表中的对象通过事实表与另一维度表中的对象相关联这样就能建立各个维度表对象之间的联系。每一个维度表通过一个主键与事实表进行连接。

事实表主要包含了描述特定商业事件的数据，即某些特定商业事件的度量值。一般情况下，事实表中的数据不允许修改，新的数据只是简单地添加进事实表中；维度表主要包含了存储在事实表中数据的特征数据，每一个维度表利用维度关键字通过事实表中的外键约束于事实表中的某一行，实现与事实表的关联，这就要求事实表中的外键不能为空，这与一般数据库中外键允许为空是不同的。这种结构使用户能够很容易地从维度表中的数据分析开始，获得维度关键字，以便连接到中心的事实表，进行查询，这样就可以减少在事实表中扫描的数据量，以提高查询性能。

使用星形模式主要有两方面的原因。

（1）提高查询的效率。采用星形模式设计的数据仓库的优点是由于数据的组织已经过预处理，主要数据都在庞大的事实表中，所以只要扫描事实表就可以进行查询，而不必把多个庞大的表连接起来，查询访问效率较高，同时由于维度表一般都很小，甚至可以放在高速缓存中，与事实表进行连接时其速度较快，便于用户理解；

（2）对于非计算机专业的用户而言，星形模式比较直观，通过分析星形模式，很容易组合出各种查询。

数据仓库是面向主题的、集成的、不可更新的、随时间的变化而不断变化的，这些特点决定了数据仓库的系统设计不能采用同开发传统的 OLTP 数据库一样的设计方法。数据仓库整体的设计流程遵循以下的步骤（图 4-6）。

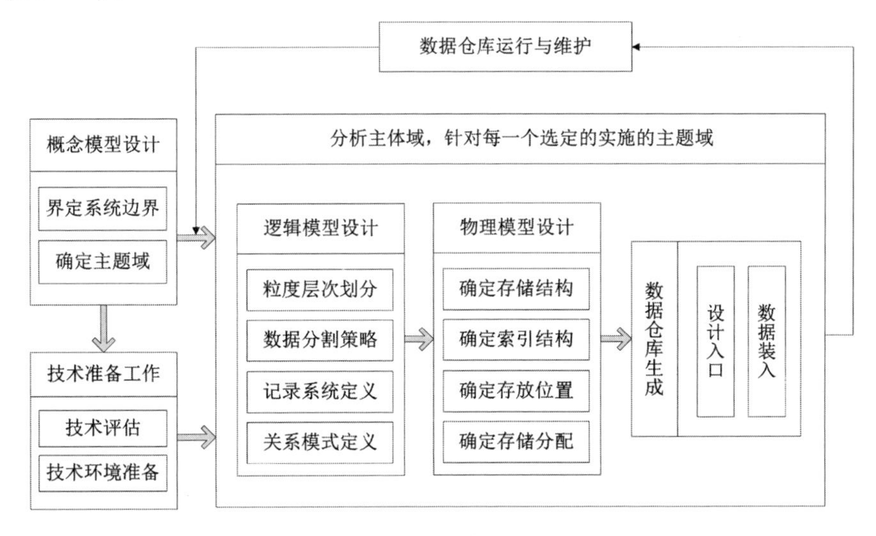

图 4-6　数据仓库设计流程

数据仓库的设计大体上可以分为以下几个步骤：

① 确定分析应用需求；

② 数据特征分析；

③ 根据对应用和数据分析，按照不同的主题建立数据仓库模型（星形模型）；

④ 各部门根据各自的数据分析需求，建立数据集市（星形模型）；

⑤ 根据既定数据同步策略，将基础数据库的数据加载到数据仓库，并实现数据的自动增量同步。

4.3.2　海洋经济数据仓库设计

为实现深度分析和挖掘江苏省海洋经济数据信息的价值，辅助领导决策，江苏省海洋经济运行监测与评估系统要将已完成初步汇总的海洋经济综合数据信息通过数据抽取、转换、导入工具完成海洋经济数据加载至海洋经济数据仓库中，可通过定时或手动完成。数据仓库中建立数据仓库模型，管理和维护内部的海洋经济数据，支持高性能的复杂查询、分析、统计等功能（图 4-7）。

数据仓库管理子系统中存储的基础数据通过数据的清洗、比对、转换，将海洋经济数据处理系统数据整合到数据仓库中，数据整合操作能够设置为定时自动执行。数据仓库按照星形模型设计，分为多个专题库，支持不同的分析型应用。数据仓库管理子系统包括数据抽取转换加载、数据仓库模型设计、数据仓库维护、聚合数据层次模型设计、数据分析展示模型、元数据管理等。

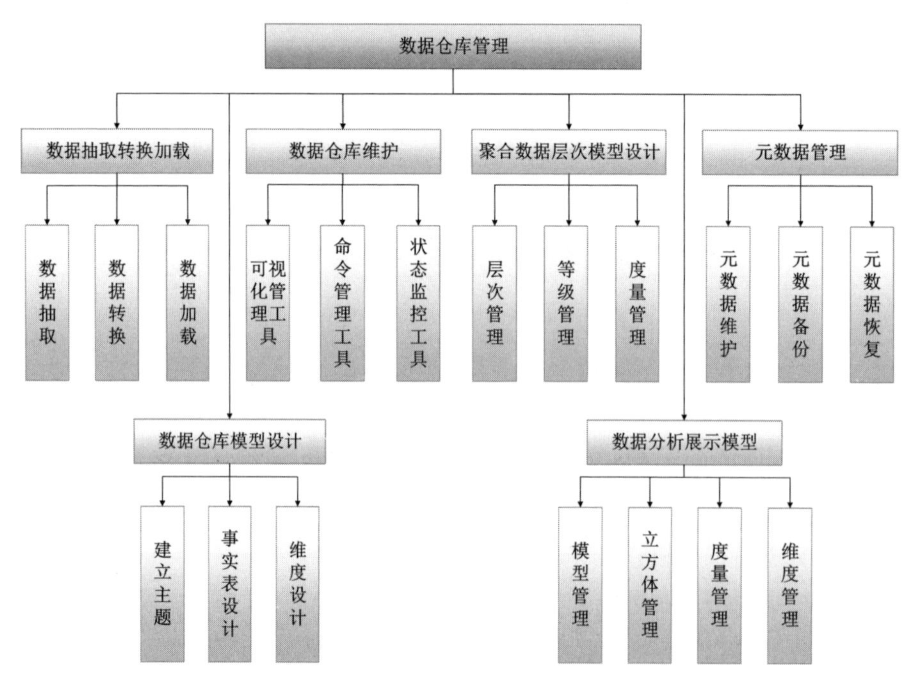

图 4-7　数据仓库管理功能模块图

1）数据抽取转换加载

数据抽取转换加载实现数据的抽取、清洗和加载功能，通过创建转换或者作业来实现，同时支持扩展性的转换和作业插件，可以执行很多数据同步和数据迁移的功能，可以从不同的数据源抽取数据，并通过清洗插件进行数据转换，同时将清洗后的数据加载到目标库中。数据抽取转换加载包括数据抽取、数据转换、数据加载等模块（表 4-5）。

表 4-5　数据抽取转换加载功能

名称	子模块说明
数据抽取	完成从数据源中抽取数据，支持各种数据库（数据库数据源有：GBase 8a、SQL server、DB2、Oracle、Sybase 等）之间的数据同步和数据迁移。同时还支持文件数据源，如文本文件、Excel 表格等
数据转换	提供多种数据转换的方式，利用字段映射、拆分、混合、记录拆分、行列变换、动态修改、时间类型转换、代理主键生成、记录间合并、生成多维数据 、构建样品数据、排序、统计、行列的分组聚合等方式完成大多数类型的数据转换。利用条件过滤、去除重复记录、空值处理和去除无效数据等方式对用户数据进行清洗功能操作
数据加载	实现数据的加载，支持数据批量高速加载功能

2）数据仓库模型设计

为了支撑海洋经济数据信息的分析型应用，数据仓库模型设计为星形模形，依据海洋经济分析业务需求进行调研分析，确定分析主题，根据不同的分析主题设计相应的星形模型。数据仓库模型设计包括建立主题、事实表设计、维度表设计等（表 4-6）。

表 4-6　数据仓库模型设计功能

名称	子模块说明
建立主题	依据业务需求，创建主题星形模型，由一个事实表和若干个维度表构成
事实表设计	实现将指标数据放在一个大表即事实表中，包括事实表主键、外键、指标数据项
维度表设计	实现维度表设计，确定维度，确定数据结构中维度的粒度等

3）数据仓库维护

数据仓库维护实现提供易于使用的图形化和命令行管理工具帮助用户管理数据仓库。数据仓库维护包括可视化管理工具、命令管理工具、状态监控工具等（表4-7）。

表4-7　数据仓库维护功能

名称	子模块说明
可视化管理工具	提供图形化数据库实例和系统管理工具，实现可视化的数据对象管理和可视化的数据编辑和查询分析
命令管理工具	提供有很多种连接到服务器的数据仓库工具，实现访问数据仓库或者执行数据仓库管理任务
状态监控工具	通过图形或表格形式对数据仓库的状态进行监控，实现对数据仓库会话的监控等功能

4）聚合数据层次模型设计

聚合数据层次模型设计完成复杂数据分析展示的层次和等级模型的设计。聚合数据层次模型设计包括层次管理、等级管理、度量管理等（表4-8）。

表4-8　聚合数据层次模型设计功能

名称	子模块说明
层次管理	实现将聚合数据维度按属性组成划分，即层次，包括层次名、所有成员名称、所有等级名称、主键等内容。其中，层次名是该层次的唯一标识，在一个维度中，不允许存在层次名相同的层次
等级管理	层次添加完表后，可为层次添加等级，等级是在确认表信息后才能添加的属性，它完成了对表中字段的定义，“等级列”的信息来源于表中的字段。等级管理内容包括等级名称、等级列、等级成员对应列、成员类型、等级类型、隐藏条件等
度量管理	实现对具体维度信息的设置，包括维度名、外键、维度类型、标题等内容的管理

5）数据分析展示模型

数据分析展示模型完成将数据库中的表中字段名称映射为业务相关术语，并建立相关业务模型。数据分析展示模型包括模型管理、立方体管理、度量管理、维度管理等（见表4-9）。

表 4-9　数据分析展示模型功能

名称	子模块说明
模型管理	实现对数据分析展示模型的创建、修改、删除操作，包括模型名称和数据源选择等功能
立方体管理	实现对立方体的创建、修改和删除操作，立方体包括立方体名称、标题等内容设置
度量管理	实现对表名选择、别名定义、计算函数、度量列、数据类型、计量单位、单位等级、期望类型等内容的设置
维度管理	实现对具体维度信息的设置，包括维度名、外键、维度类型、标题等内容的管理

6）元数据管理

元数据管理实现对元数据进行备份、恢复，以及元数据的添加、删除、修改等功能。元数据管理包括元数据维护、元数据备份、元数据恢复等（表 4-10）。

表 4-10　元数据管理功能

名称	子模块说明
元数据维护	元数据维护实现对元数据的定义、修改、删除等功能
元数据备份	实现对元数据的备份功能，保证元数据的及时备份，防止数据丢失
元数据恢复	实现能够查看数据备份记录，并可以恢复到相应数据备份等操作

4.4　海洋经济数据库体系设计

4.4.1　数据库整体架构设计

海洋经济数据库整体由基础数据库、数据仓库和支撑数据库组成，海洋经济数据库整体架构如图 4-8 所示。

1）基础数据库

用于存储江苏省海洋经济原始和基础数据信息，包括基础支撑数据库

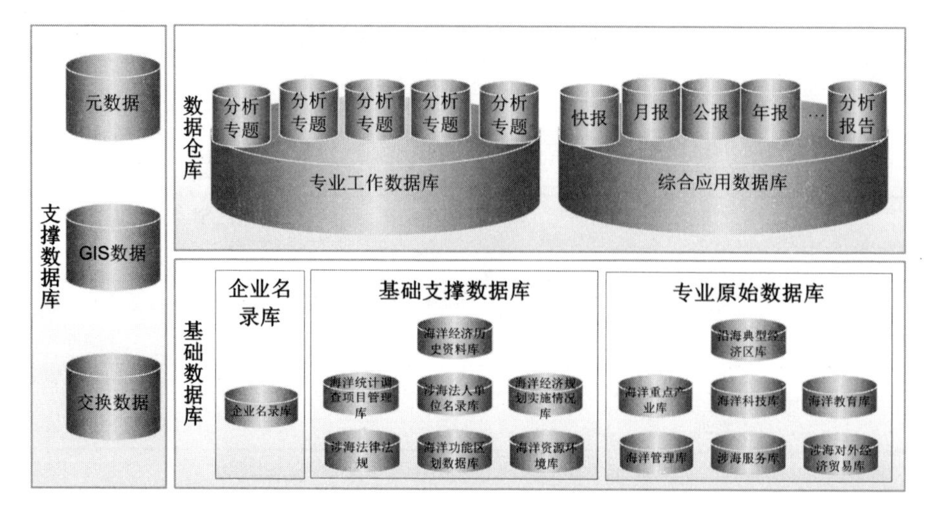

图 4-8　海洋经济数据库整体架构图

和专业原始数据库。基础支撑数据库为海洋经济运行监测及评估提供基础性应用支撑。专业原始数据库为海洋经济运行监测数据提供安全的存储、管理和维护。

2）数据仓库

为海洋经济运行监测与评估提供快速分析、查询、统计的数据基础，包括专业工作数据库和综合应用数据库。专业工作数据库以基础支撑数据和专业原始数据为基础，通过分类、汇总等处理，形成各种分析专题，支撑上层应用的各种数据分析和数据查询。综合应用数据库存储和管理经过深度分析形成满足政府、企事业单位及社会公众需求的信息资源。

3）支撑数据库

用于支撑海洋经济运行监测与评估各类应用的专用数据库，包括元数据库、GIS 数据库和交换数据库等。元数据库存储解释数据的数据信息；GIS 数据库存储海洋经济 GIS 展示系统的地理数据；交换数据库存储数据交换平台应用的信息。

4.4.2　数据库设计规范

江苏省海洋经济运行监测与评估系统数据库设计规范采用以下 10 项原则。

1）数据库涉及字符规范

采用 26 个英文字母和 0～9 这 10 个自然数，加上下划线“_”组成，共 36 个字符。不出现其他字符。采用英文单词或英文短语（包括缩写）作为名称，不使用无意义的字符或汉语拼音。名称应该清晰明了，能够准确表达事物的含义，最好可读，遵循“见名知意”的原则。

2）数据库对象命名规范

数据库对象包括表、视图（查询）、存储过程（参数查询）、函数、约束。对象名字由前缀和实际名字组成，绝对不要在对象名的字符之间留空格，长度不超过 30。

使用单数（比如表名 tb_customer，不要使用 tb_customers）。

前缀：使用小写字母。

表：tb_<表的内容分类>_<表的内容>

视图：vi

存储过程：sp

函数：fn

索引：idx_<表名>_<索引标识>

主键：pk_<表名>_<主键标识>

外键：fk_<表名>_<主表名>_<外键标识>

序列：seq

实体名字：实体名字尽量描述实体的内容，由单词或单词组合，每个单词以“_”间隔，字母小写，不以数字开头。合法的对象名字类似如下。

表：tb_user_info、tb_message_detail

视图：vi_message_list

存储过程：sp_message_add

3）数据库表设计规范

表名由前缀和实际名字组成。tb_<表的内容分类>_<表的内容>。

事务型关系表的设计要符合 3NF，然后，可以根据效率的需要，适当做一些冗余。分析型数据库关系表的设计根据数据仓库设计原则设计。

前缀：使用小写字母 tb，代表“表”。实际名字中，一个系统尽量采取同一单词，多个后面加“_”来连接区分。

合法的表名类似如下：

tb_member

tb_member_info

tb_forum_board

tb_blog_comment1

一些作为多对多连接的表，可以使用两个表的前缀作为表名。如：用户表 tb_user，用户分组表 tb_group_info，这两个表建立多对多关系的表名为：tb_user_group_relation。

4）字段命名规范

字段由表的简称，实际名字组组成。如果此字段关联另外的字段，那么加下划线“_”连接关联表字段的字段名。布尔型的字段，以一些助动词开头，更加直接生动：如，用户是否有留言 has_message，用户是否通过检查 is_checked 等。字段名为英文短语、形容词+名词或助动词+动词时态的形式表示，遵循“见名知意”的原则。

因此，合法的字段名类似如下：

user_id

user_name

5）视图命名规范

由前缀和实际名字组成，中间用下划线连接。

前缀：使用小写字母 vi，表示视图。合法的视图名类似如下：

vi_user

vi_user_info

6）存储过程命名规范

字段由前缀和实际名字加操作名字组成，中间用下划线连接。

前缀：使用小写字母 sp，表示存储过程。

操作名字：insert | delelte | update | caculate | confirm

例如：

sp_user_insert

7）数据库设计文档规范

所有数据库设计要写成文档，附有表关系图，可采用 PowerDesigner 设计；表的具体描述文档以模块化形式表达。大致格式如下：

表名：tb_department

日期：2008-12-17

版本：1.0

描述：保存用户资料

主键：dept_id

索引：idx_dept_name，unique（唯一索引）

外键：manager_id（对应 tb_employee. employee_id）

8）sql 语句规范

所有 sql 关键词全部大写，比如：SELECT，UPDATE，FROM，ORDER，GROUP BY 等。

9）数据完整性规范

（1）为便于在程序的编码期查错，可以在设计数据库的时候加上约束（check）。如，整型的字段的取值范围等，常常为 field>0；

（2）可以在开发期间使用触发器来验证数据的完整性；

（3）事务型关系表在开发阶段保存完整的主键、外键和唯一索引的约束。数据仓库表设计根据数据仓库模型的需要灵活设计；

（4）编码期间，数据完整性优先于性能。在保障系统正确运行的前提下尽可能地提高效率。

10）数据库性能优化规范（运行期）

（1）在运行阶段删除不必要的约束；

（2）尽量不要使用触发器；

（3）尽量保留主键约束；

（4）适当删除外键，以提高性能；

（5）在运行期间，通过分析系统的访问量，创建索引来优化性能；

（6）分析每个表可能的数据增长量，定义自动拆分表规则。将大表进行拆分来提高性能；

（7）预先考虑数据清理规则，即在什么情况下删除数据库中的旧数据，以此提高性能；

（8）制定数据库备份和灾难恢复计划；

（9）为效率考虑，可以在系统测试阶段适当增加冗余字段，或者冗余表。

4.4.3 海洋经济数据库设计

海洋经济数据库从功能上主要可以区分为基础支撑数据库、专业原始数据库、专业工作数据库、综合应用数据库和元数据库五类，其中基础支撑数据库是海洋经济数据库的核心。

1）基础支撑数据库

为海洋经济运行监测及评估提供基础性应用支撑。主要包括海洋统计调查项目管理、涉海企业名录、涉海法律法规、海洋功能区划数据库、海洋经济历史资料、海洋资源环境、海洋经济规划实施情况等数据信息。

2）专业原始数据库

为海洋经济运行监测数据提供安全的存储、管理与维护。主要包括海洋重点产业、海洋科技、海洋教育、海洋管理、对外经济贸易、沿海典型经济区等数据信息。

3）专业工作数据库

以基础支撑数据、专业原始数据为基础，通过分类、汇总等处理，形成处理分析数据库，支持数据处理之后深入的数据分析和数据查询。

4）综合应用数据库

主要存储和管理经过深度分析形成满足政府、企事业单位及社会公众需求的报表和报告等。

5）元数据库

元数据是用于描述要素、数据集或数据集系列的内容、覆盖范围、质量、管理方式、数据的所有者、数据的提供方式等有关的信息。元数据库是用于存储说明江苏省海洋经济数据库中数据的内容、质量、属性、表示方式、数据来源及其他有关特性的背景信息的数据库。

4.5 海洋经济数据处理体系设计

海洋经济数据处理体系包括数据采集、指标体系、数据加工三大部分，生成可利用的数据为数据图表展示和 GIS 展示提供支撑。

数据采集负责按指标体系制定的指标和模板，通过省、市、县三级系统将各级数据采集入数据库。

指标体系负责制定系统中需要采集展示的，与海洋经济相关的数据指标和数据采集模板以及数据处理公式等。

数据加工负责将采集生成的数据，根据设定的数据处理公式计算出目标结果数据。

4.5.1　海洋经济数据采集

数据采集作为数据处理体系的第一步骤起到基础支撑作用。针对海洋经济业务特点，江苏省海洋经济运行监测与评估系统在数据采集方面主要通过以下内容实现：

（1）填报数据时，会对填报数据进行预警提示，超过增幅时，及时提醒用户；

（2）自动汇总下级海洋行政管理部门和同级涉海部门的数据，减少用户手工计算的过程；

（3）因一些相同经济指标在不同统计制度出现，为避免输入两次数据问题。通过设定指标关系，对于已经存在数据的关系指标，系统自动把该指标从对应的指标数据读出。

4.5.2　海洋经济指标体系

海洋经济指标体系是海洋经济数据处理体系的核心内容，依据《江苏省海洋生产总值核算技术报告》提供 28 个海洋产业增加值的核算方法进行处理。在进行海洋经济指标核算时，系统先采集当期的基础数据，包括：

（1）海洋统计制度报表数据，主要包括海洋统计报表制度中的主要海洋产业基本情况和沿海城市海水利用情况；

（2）海洋生产总值核算制度报表数据，主要包括涉海工业（规模以上）总产值和涉海国民经济行业地区生产总值构成项目；

（3）工业增加值率和规模以上工业总产值占整个工业总产值比重；

（4）经济普查系数；

（5）其他数据，如水价，人口数等。

以上五类基础数据可以作为海洋经济指标体系的输入值参与海洋经济指标计算。

4.5.3 海洋经济数据加工

海洋经济数据加工依据《海洋经济分析》报告提供的评估指标计算方法，使用 java 程序和 matlab 程序实现各个指标的计算方法。评估指标所需的基础数据包括：

（1）中国海洋统计年鉴；

（2）海洋经济核算指标数据，对于一个指标如果在年鉴和海洋经济核算都存在数据，优先采用年鉴的数据；

（3）评估指标相关的录入数据。

以上三类评估基础数据可以作为海洋经济分析评估指标的输入值参与海洋经济数据加工计算。

第5章　系统功能与操作

本章侧重于江苏省海洋经济运行监测与评估系统相关功能及操作的简单介绍。通过本章介绍可以对该系统整体功能及操作有个全面的了解。

本章首先对系统运行环境要求进行简单说明。之后，结合海洋经济运行监测系统、海洋经济指标体系管理系统、海洋经济展示与评估系统、沿海开发重大项目管理系统、海洋经济信息服务发布和门户系统以及海洋经济 GIS 展示系统等六大系统功能分别展开介绍，并给出主要功能展示。

5.1　系统运行环境

系统是基于 Java EE 技术设计开发的，服务器需要安装 Java 运行环境，Web 应用服务器需要安装 Tomcat，数据库需要安装 GBase 8a。

整体系统运行环境要求如表 5-1、表 5-2 所示。

表 5-1　服务器端配置

环境	配置与版本
硬件要求	CPU：1×2 核 2.8 GHz 及以上； 内存：4 G 及以上
操作系统	LINUX RH5 64；Windows Server 2008 64
JDK	SUN JDK 1.6
容器	Tomcat 6.0.22 及以上版本

表 5-2　客户端配置

环境	配置与版本
硬件要求	CPU：2.8 GHz 及以上； 内存：2 G 及以上
操作系统	Microsoft Windows XP，WIN7

续表

环境	配置与版本
软件要求	Flash Player 10.0，Microsoft office 2003 及以上版本
浏览器	IE 8.0 及以上版本，分辨率：1 280×1 024 及以上

5.2 海洋经济运行监测系统

5.2.1 概述

系统实现江苏省涉海单位向江苏省各级海洋行政管理部门填报经济数据的功能。各涉海单位和部门及江苏省各级行政管理部门通过登录海洋经济数据采集系统，按照不同指标填报数据表单并进行提交。业务管理子系统的智能审核功能根据预设的数据校验规则自动检查填报的业务数据，并且根据预设规则调取历史数据库中的数据与填报业务数据进行比对，经过系统审核通过的业务数据报送到省海洋与渔业局。

海洋经济数据采集系统通过自动化的数据审核和催报功能，在减轻相关海洋行政主管部门数据审核、催报工作强度的同时，保证上报的海洋经济数据的准确性和真实性。

海洋经济运行监测系统功能结构如图 5-1 所示。

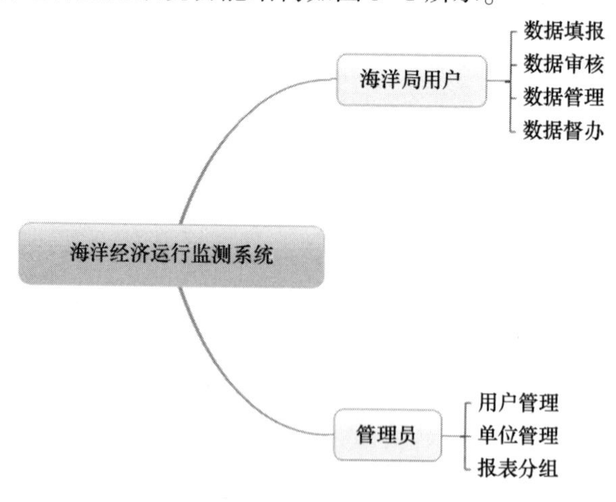

图 5-1　海洋经济运行监测系统功能结构图

5.2.2　主要功能展示

1）省区局登录主界面

左侧展示的是该单位目前待填报的报表；右侧上半部分是其他人与该单位互相沟通的消息展示，右侧下半部分是上级单位对自己的催报信息展示，如图 5-2 所示。

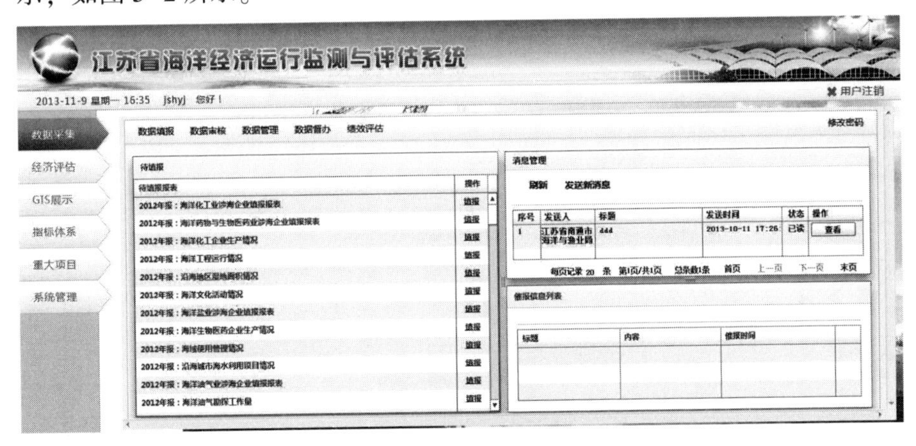

图 5-2　登录主界面

2）填报操作界面

在此界面选择报表制度、单位所属产业、报表年份和具体报表，点击填报可以进行该报表的录入操作；点击代填可以替本级的企业或涉海部门录入报表，如图 5-3 所示。

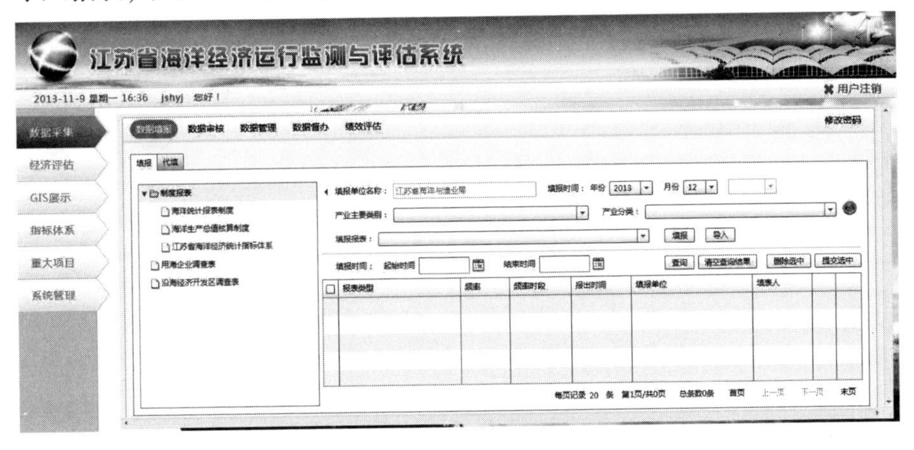

图 5-3　填报操作界面

3）报表填报界面

在此界面可以填报报表内容，点击保存可暂存报表，以便后期修改；点击提交可将报表上报上级进行审核，如图 5-4 所示。

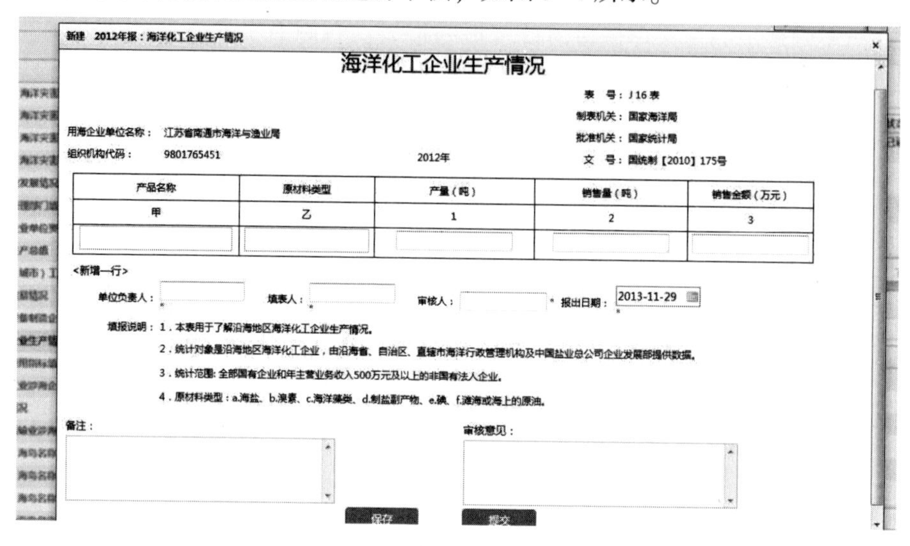

图 5-4　报表填报界面

4）数据审核界面

上级单位可以对提交上来的报表填写审核意见，进行审核操作，如图 5-5 所示。

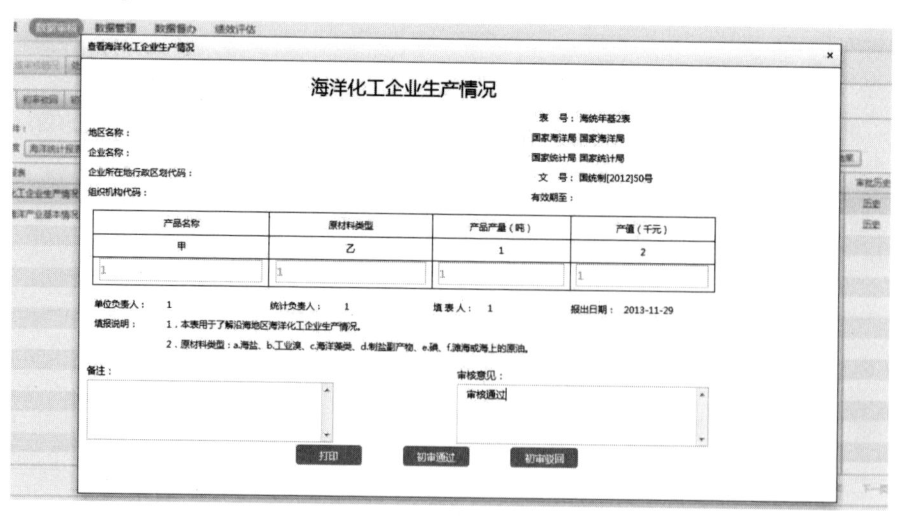

图 5-5　数据审核界面

5）审核情况界面

在此界面可以看到该报表的逐级审核情况，例如是否通过审核或终审等，同时相关的审核意见也会在界面右方显示（图 5-6）。

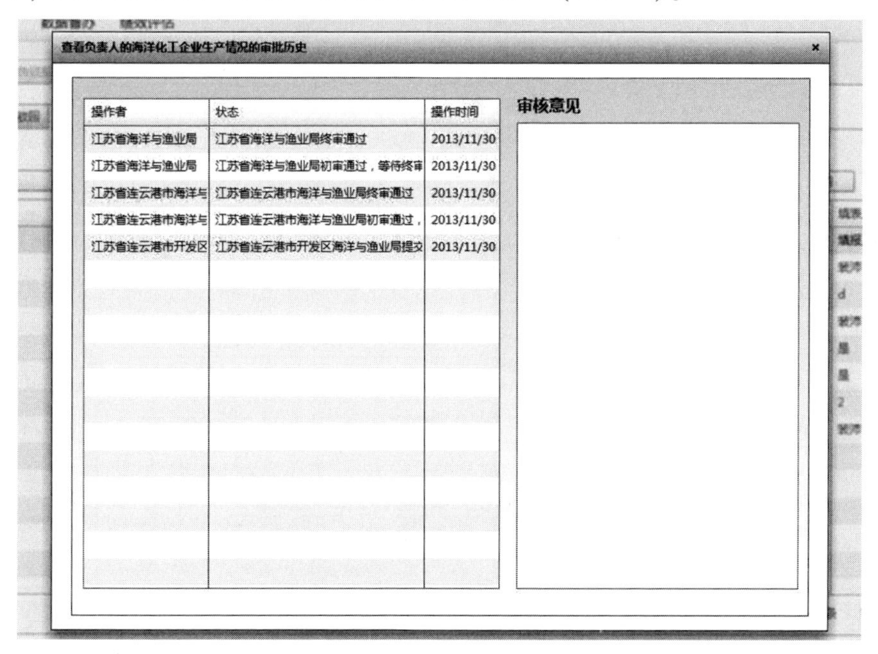

图 5-6　审核情况展示界面

6）数据管理

将报表数据在业务库与导入导出库之间进行传输，用户可以选择导出审核通过的报表、终审驳回的报表和用户数据，导出的数据支持按照填报单位、调查时间进行查询，也可以从外网导入相关数据（见图 5-7）。

7）催报界面

对于下级单位未按时填报的报表，可以设置进行催报，系统支持定义催报任务信息的自定义，如相关报表制度和报表类型、催报信息发送时间间隔、是否需要提前发送催报信息、单位列表等（见图 5-8）。

8）绩效评估

对单位的各项填报进行评估，可以按照评估期进行数据查询，查询结果包括可填报报表、已经填报、被驳回等相关数据（见图 5-9）。

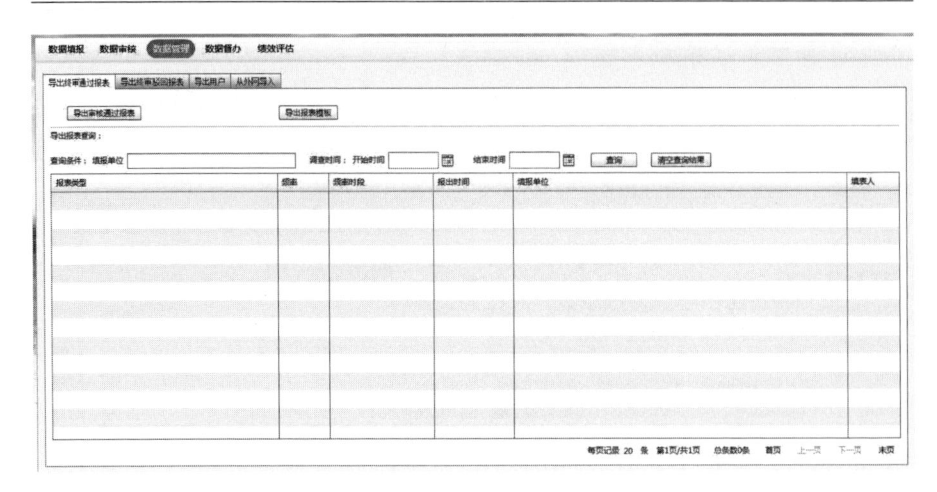

图 5-7　数据管理界面

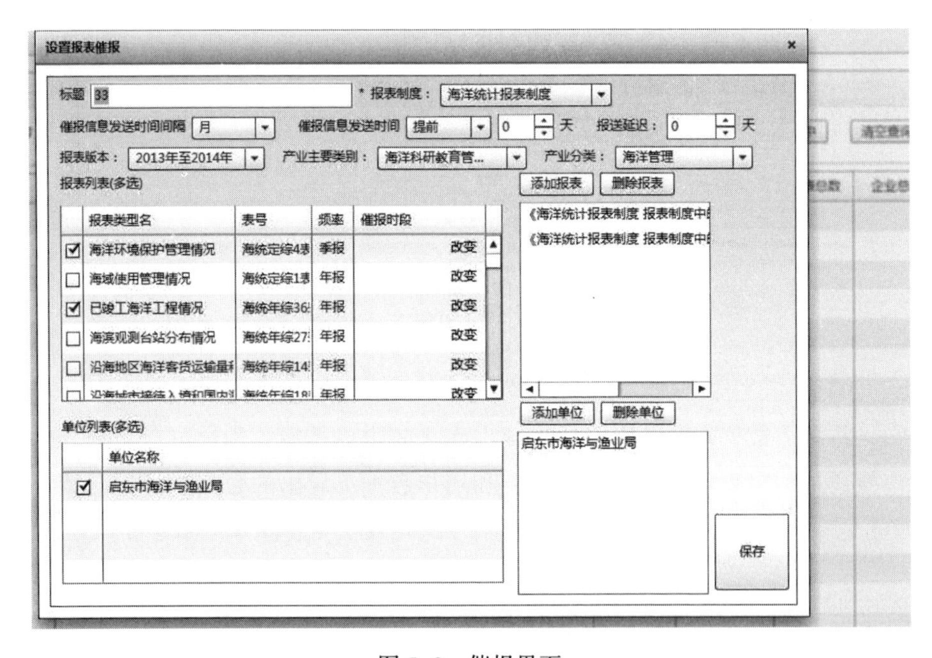

图 5-8　催报界面

9）管理员用户登录

在用户查询界面可以对单位用户进行查询操作，可以按照用户名称、单位名称和用户类型进行查询（见图 5-10）。

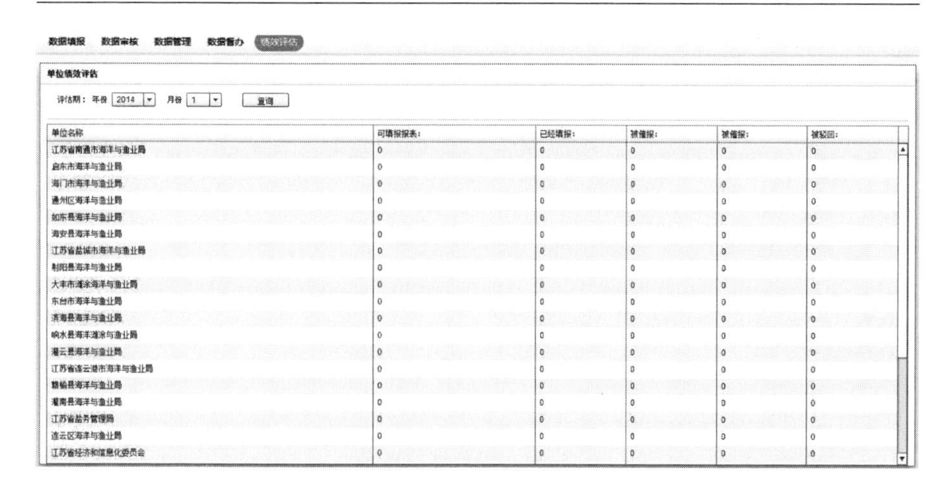

图 5-9　绩效评估界面

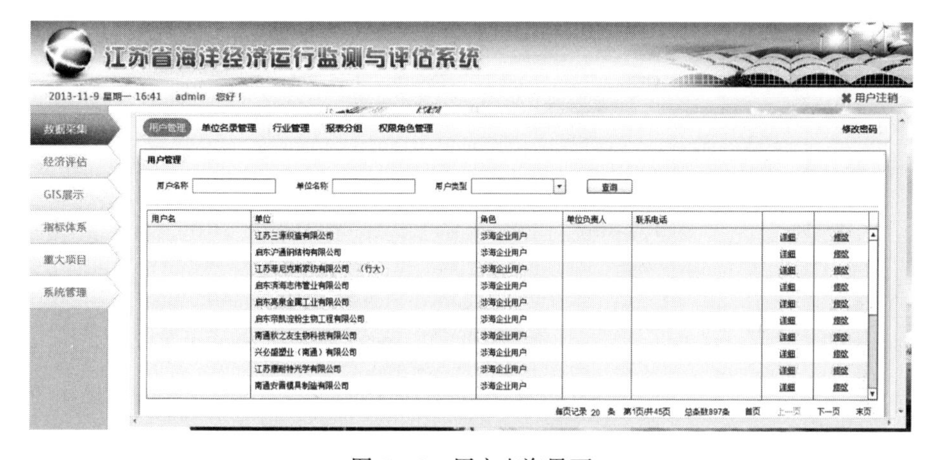

图 5-10　用户查询界面

10）用户维护操作

在用户维护界面（见图 5-11）可以进行如权限角色、报表分组、企业行业等信息的维护。

11）单位管理

在单位管理界面（见图 5-12）对企业进行查询维护，并可下载录入模板进行多企业信息的导入。系统支持查询时按照录入年份、单位名称、单位类型等信息进行搜索查询。

12）行业管理

在行业管理界面（见图 5-13）可对行业信息进行增加、删除、修改、

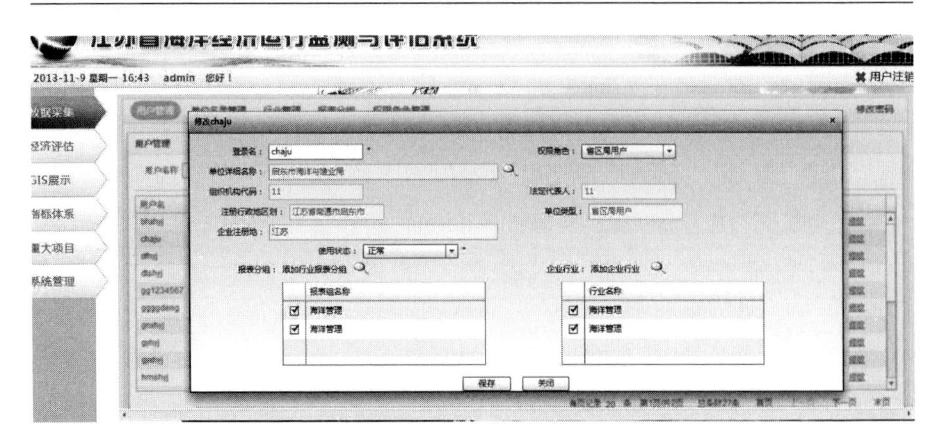

图 5-11　用户维护界面

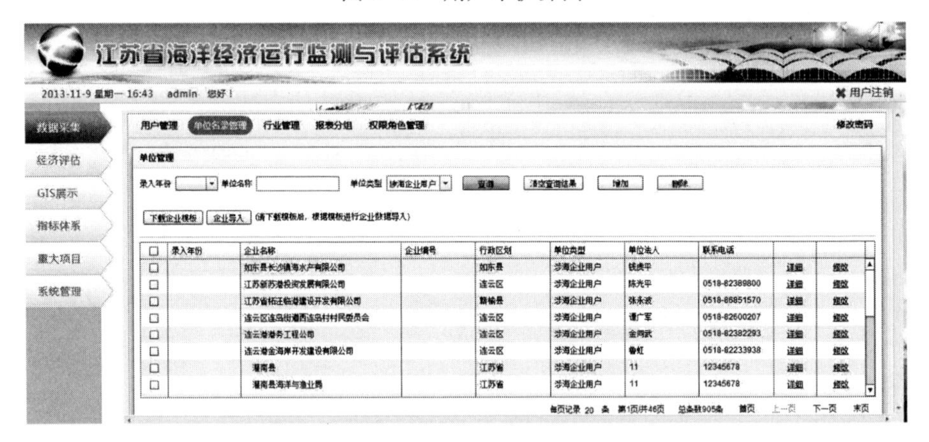

图 5-12　单位管理界面

查询等操作，可以按照行业名称和行业代码进行过滤。

图 5-13　行业管理界面

13）报表分组

在报表分组界面（图 5-14）可以将行业与制度下的报表进行关联，以便报表填报。

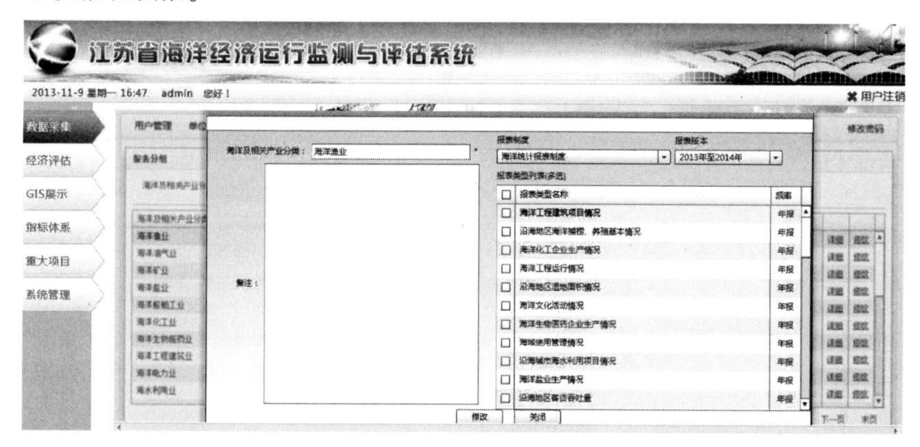

图 5-14　报表分组界面

14）权限管理

在权限管理界面（图 5-15）可对用户的权限进行维护操作。

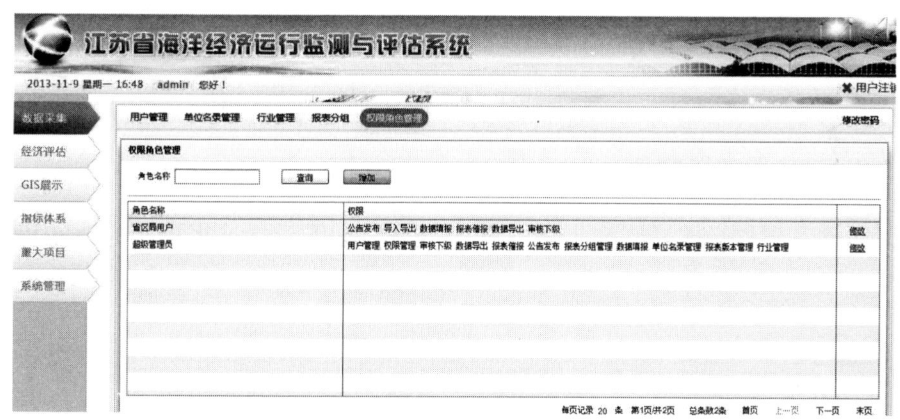

图 5-15　权限管理界面

5.3　海洋经济指标体系管理系统

5.3.1　概述

统计指标体系是对数据上报系统采集的原始指标数据（包括指标的同

比、环比、生产总值、增加值等)、时间、地区、行业与填报单位信息等处理，生成系统需要展示和上报的数据。并提供报表查询和指标查询两种查询方式，检索查看处理后的数据。系统可根据处理后的数据生成月度、季度、半年度增加值贡献率常规评估产品报表。系统提供国家反馈数据和年鉴数据管理功能。

海洋经济指标体系管理系统功能结构如图 5-16 所示。

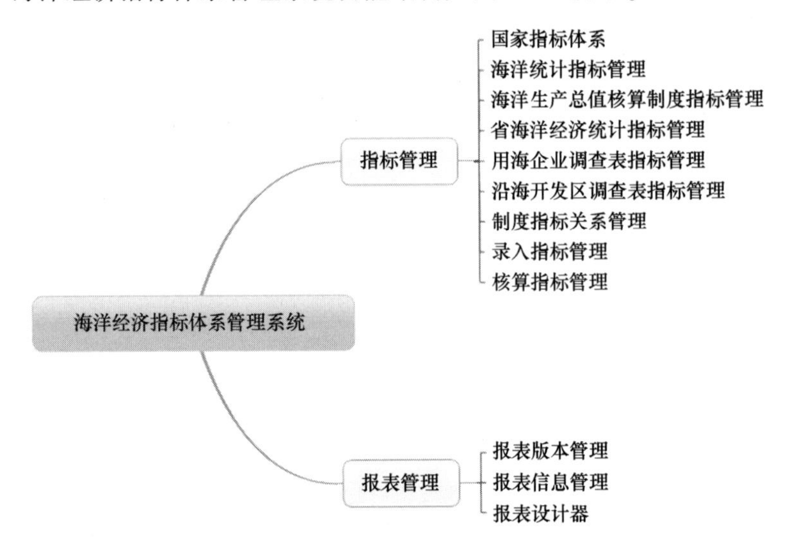

图 5-16 海洋经济指标体系管理系统功能结构图

5.3.2 主要功能展示

江苏省指标体系管理界面（图 5-17），对省指标体系的指标进行管理，可以按照指标名称、国际代码、分类进行筛选查询。

指标管理 报表维护

省海洋经济统计指标

指标名称： 国标代码： 分类：请选择 查询

指标代码： 重要程度：请选择 检测频率：请选择 指标管理

序号	指标代码	指标名称	国标代码	类别	检测频率	重要程度	操作
1	I	海洋企业		海洋企业			
2	I01	生产经营情况		海洋企业	年度	核心	
3	I0101	增加值	A0116	海洋企业	年度	核心	
4	I0102	总产值	A0115	海洋企业	年度	核心	
5	I0103	销售收入	A0114	海洋企业	年度	重要	

共 485 条记录 当前第 1/97 页 上一页 1 2 3 4 … 97 下一页 转到 每页记录数：5

图 5-17 指标管理界面

江苏省指标体系维护界面（图 5-18），完成省指标的管理，包括指标基本信息字段如指标代码、名称、计量单位、数据类型、指标说明信息等。

图 5-18　指标维护界面

通过指标操作界面（图 5-19）可对海洋统计制度指标进行管理，可查询、增加、修改、删除指标信息，以及查看指标数据来源于哪些报表。

图 5-19　指标操作界面

制度指标输入界面（见图 5-20），可进行如指标代码、指标名称、所属产业、监测频率、数据类型、单位数据级、指标加权、指标限定值、指标说明等信息的编辑。

维护不同制度间的指标关系，因存在不同制度上报同一指标的现象，设置指标关系后可避免用户重复地输入数据（见图 5-21 和图 5-22）。

由于一些指标数据无法从目前的采集系统中获取，将这部分的指标做

图 5-20　指标信息编辑界面

图 5-21　指标关系界面

图 5-22　指标关系编辑界面

成用户可以自己定义指标并输入指标值（图 5-23 和图 5-24）。录入指标可分为 7 类，包括：工业增加值率、规模以上工业总产值占整个工业总产值的比重、经济普查数据、年鉴、评估录入指标、反馈数据和其他。其中工业增加值率、规模以上工业总产值占整个工业总产值的比重、经济普查数据主要为核算指标进行核算时使用；年鉴、评估录入指标、反馈数据主要作为评估的基础数据使用。

图 5-23　指标录入界面

图 5-24　指标录入编辑界面

根据《江苏省海洋生产总值核算技术报告》上提供的核算方法，实现各个海洋产业增加值及总产值核算指标的设置（见图 5-25 和图 5-26）。用户可自行定义核算指标的运算优先级别和排序号及参与核算时的基础指标。参与核算的指标包括：海洋统计制度指标、海洋生产总值核算制度指标、省海洋经济统计指标、已定义好的核算指标，但不包括自身。核算指标的运算符为加减乘除四则运算。为了能够将核算结果与海洋统计年鉴上的数据进行比较，系统还要提供核算指标与录入指标的对应关系功能。

指标管理　报表维护

核算指标

指标名称：　指标代码：　监测频率：请选择　区域：请选择　查询　增加

序号	指标名称	指标代码	监测频率	计量单位	级别	操作
1	海洋水产品加工增加值	1	年度	亿元	省市县	
2	海洋渔业服务业增加值	1	年度	亿元	省市县	
3	海水养殖和海洋捕捞增加值	1	年度	亿元	省市县	
4	海洋产业增加值	1	年度	亿元	市级	
5	海洋产业增加值	1	年度	亿元	省级	

共 107 条记录 当前第 1/22 页 上一页 1 2 3 4 ... 22 下一页 转到 每页记录数：5

图 5-25　指标核算界面

图 5-26　指标核算编辑界面

实现对每种统计制度的版本进行管理（图 5-27 和图 5-28），创建新版本时，自动把当前版本的报表及报表与产业的系统复制到新版本中。

指标管理　报表维护

报表版本管理

版本名称：　统计制度：请选择　查询　增加

序号	版本名称	版本号	统计制度	起始年份	终止年份	状态	创建时间	操作
1	2013年至2014年	1.0	海洋统计报表制度	2012	2014	禁用	2013-08-21 21:11:50	
2	2012年至2012年	2.0	海洋统计报表制度	2011	2011	禁用		
3	2006年至2011年	3.0	海洋统计报表制度	2005	2010	禁用		
4	1997年至2005年	4.0	海洋统计报表制度	1996	2004	禁用		
5	2014年至2016年	2.0	海洋生产总值核算制度	2013	2015	禁用		

共 9 条记录 当前第 1/2 页 上一页 1 2 下一页 转到 每页记录数：5

图 5-27　指标版本界面

修改版本

报表版本信息

版本名称	2012年至2012年
版本号	2.0
统计制度	海洋统计报表制度
起始年份	2011
终止年份	2011

保存　重置

图 5-28　报表版本编辑界面

对系统需要进行上报的表格进行管理（图 5-29），可对报表信息进行增加、删除、修改、查询或设计报表功能。因每个版本上报数据的报表不是固定的，系统应提供报表设计器功能，可由用户自行设计上报报表的样式。

指标管理　报表维护

报表管理

统计制度：请选择　报表版本：请选择　报表名称：　查询　增加　重建模板

序号	报表版本	统计制度	报表名称	报表号	制表机关	批准文号	操作
186	2013年至2016年	江苏省海洋经济统计指标体系	海洋化工业涉海企业填报报表	表3-5	江苏省海洋与渔业局		
187	2013年至2016年	江苏省海洋经济统计指标体系	海洋药物与生物医药业涉海企业填报报表	表3-6	江苏省海洋与渔业局		
188	2013年至2016年	江苏省海洋经济统计指标体系	海洋盐业涉海企业填报报表	表3-4	江苏省海洋与渔业局		
189	2013年至2016年	江苏省海洋经济统计指标体系	海洋油气业涉海企业填报报表	表3-2	江苏省海洋与渔业局		
190	2013年至2016年	江苏省海洋经济统计指标体系	海洋矿业涉海企业填报报表	表3-3	江苏省海洋与渔业局		

共 203 条记录 当前第 38/41 页 上一页 1 … 35 36 37 38 39 40 41 下一页　转到 每页记录数：5

图 5-29　报表管理界面

报表设计器（见图 5-30 和图 5-31）可以让用户自定义上报的报表格式，报表有变化时，用户可自行重新设计报表的样式。

修改报表

报表类型信息

统计制度 江苏省海洋经济统计指标体系　　报表版本 2013年至2016年

报表名称 海洋药物与生物医药业涉海企业　　报表号 表3-6

制表机关 江苏省海洋与渔业局　　批准机关 江苏省海洋与渔业局

批准文号　　有效期

报表时段属性 年报 年报　　报表样式 单元格式

报送时限(天) 360　　报表数据汇总 否

备注

保存 重置

图 5-30　报表界面

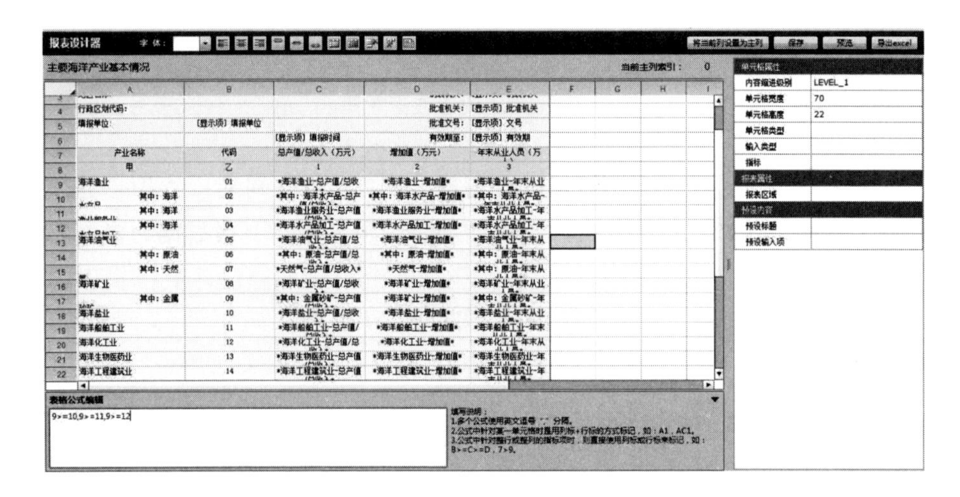

图 5-31　报表编辑界面

5.4　海洋经济展示与评估系统

5.4.1　概述

系统实现海洋经济核算（运行核算、核算结果），评估模型（海洋经济总量分析、海洋产业分析、区域海洋经济分析、海洋经济增长分析、海洋经济监测预警分析），数据展示（用海企业、重大项目、管理委员会、江苏地方分析）。每部分都有相关的图形展示。管理委员会、重大项目等部分还有报表展示。

海洋经济展示与评估系统功能结构如图 5-32 所示。

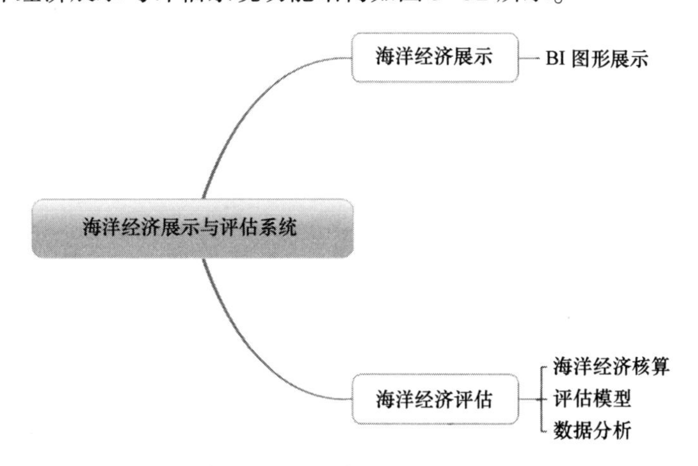

图 5-32　海洋经济展示与评估系统功能结构图

5.4.2　主要功能展示

展示与评估系统首页（图 5-33），其中功能有海洋经济核算、评估类型和数据分析。

图 5-33　系统首界面

海洋化工经济评估结果展示如图 5-34 所示，通过柱图和雷达图展示了增加值年报数据，数据的单位和区域可以通过下拉框进行设置。

海洋经济评估核算数据维护界面（见图 5-35），可以通过指标的各种条件进行综合查询。

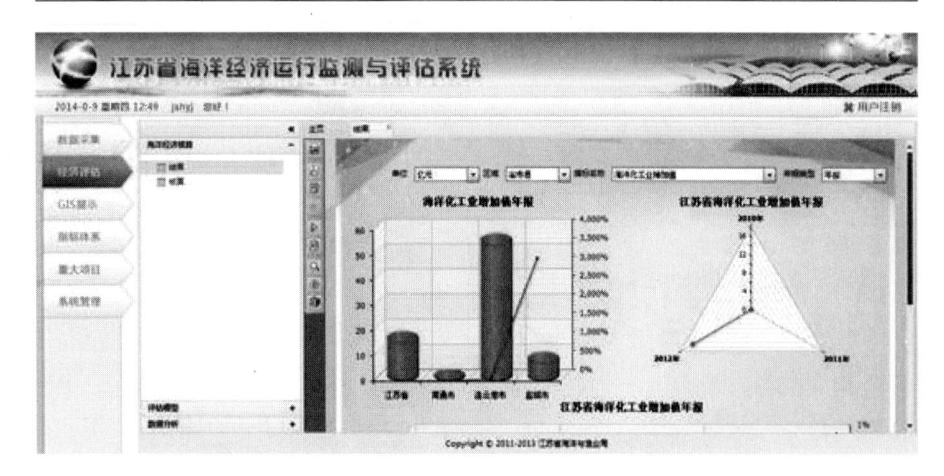

图 5-34　经济评估界面

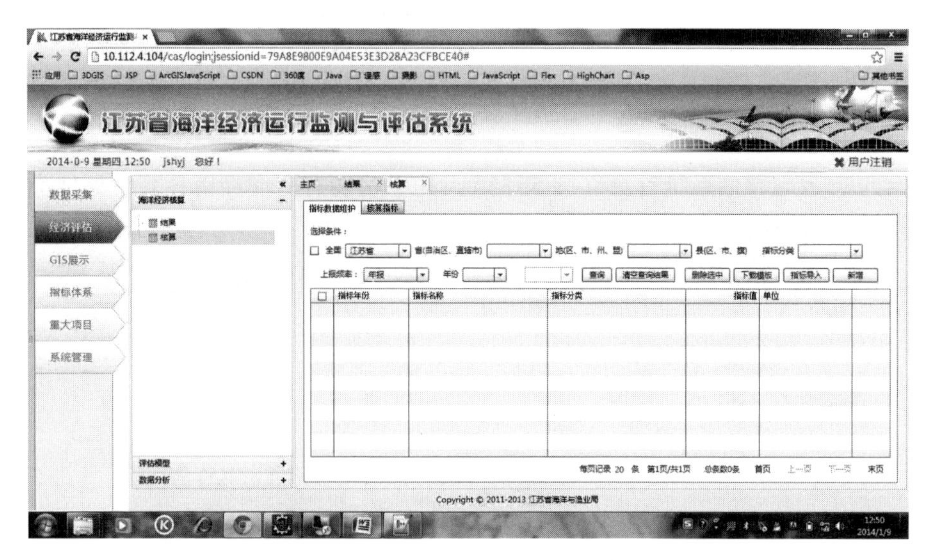

图 5-35　评估核算数据维护界面

海洋经济核算指标结果展示（见图 5-36），可以按照指标名称进行核算，核算值包括指标值、修正值、指标增长、指标值偏离、修正值偏离等。

海洋经济评估模型国家及省增长速度对比图形化展示界面如图 5-37 所示，系统用户线图、柱图、雷达图、数据表格等组件展示各海洋经济指标的数据情况。图中展示的国家及省增长速度比使用了海洋经济总量变动

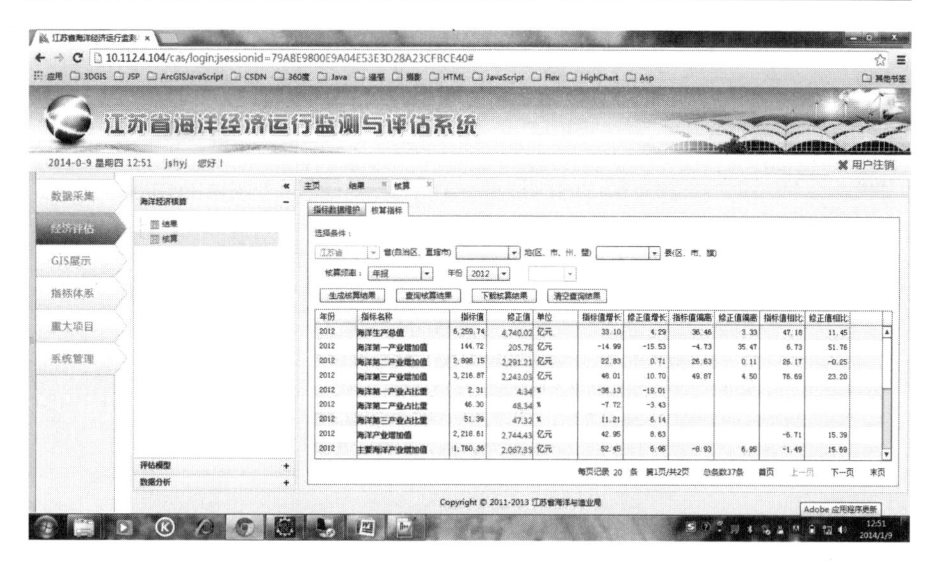

图 5-36　核算指标结果界面

分析模型，算法见 7.1.1 节详细说明。

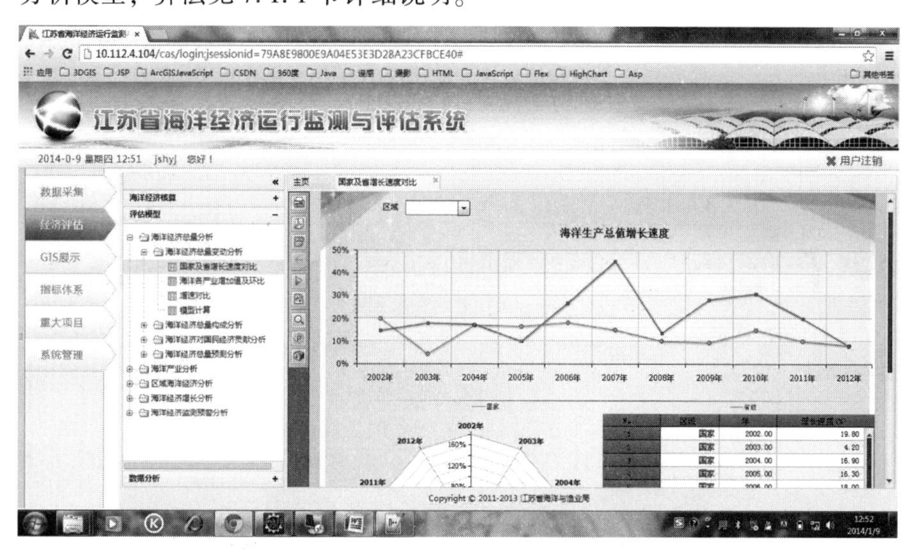

图 5-37　评估模型界面

海洋经济评估模型主要海洋产业增加值总体概览图形展示（见图 5-38），用户可以点击相应的“总体概况”和“各产业情况”来查看不同的增加值分析主题。图中展示的主要海洋产业增加值及构成使用了海洋经济总量构成分析模型，算法见 7.1.2 节详细说明。

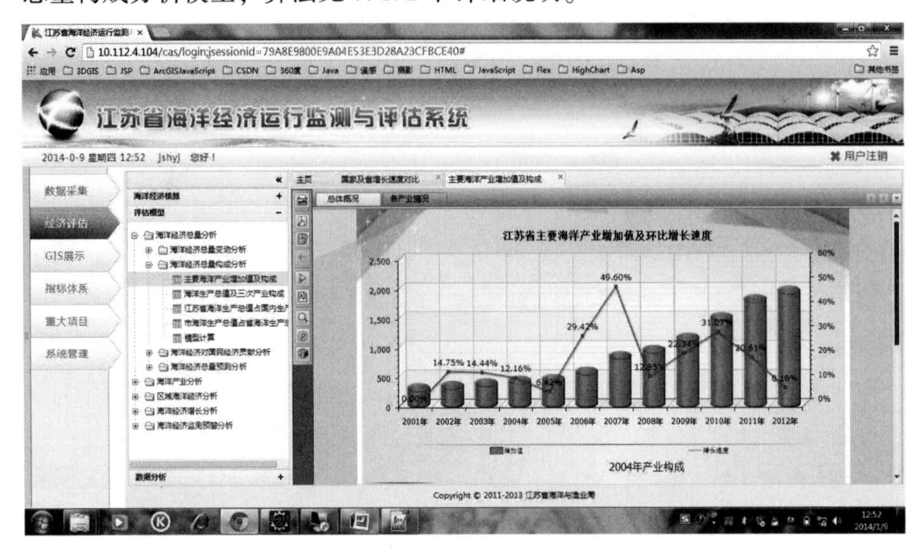

图 5-38　评估模型界面

海洋经济评估模型主要海洋产业结构熵数图形化展示如图 5-39 所示。图中展示的主要海洋产业结构熵数使用了海洋产业结构分析模型，算法见 7.2.1 节详细说明。

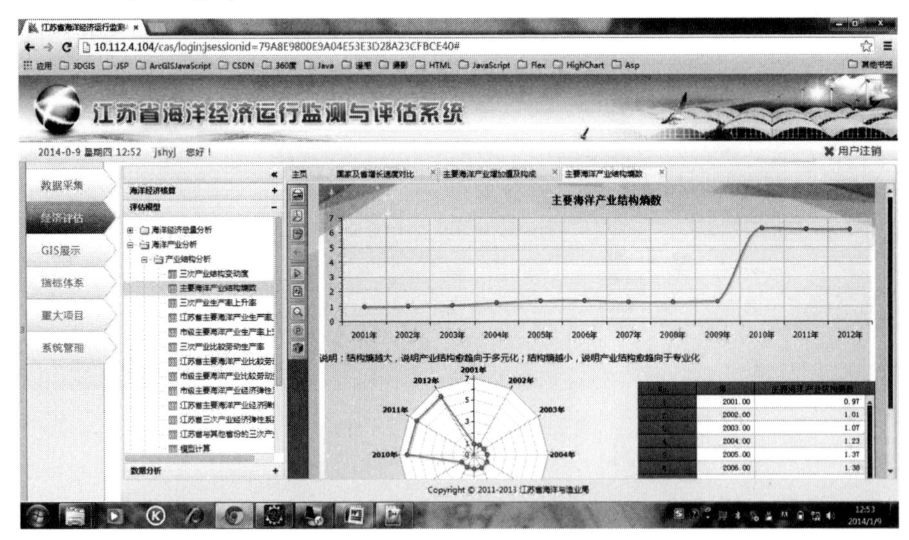

图 5-39　评估模型界面

海洋经济评估模型江苏省海洋生产总值趋势预测图形化展示如图 5-40 所示。图中展示的海洋生产总值趋势预测使用了海洋经济总量预测分析模型，算法见 7.1.4 节详细说明。

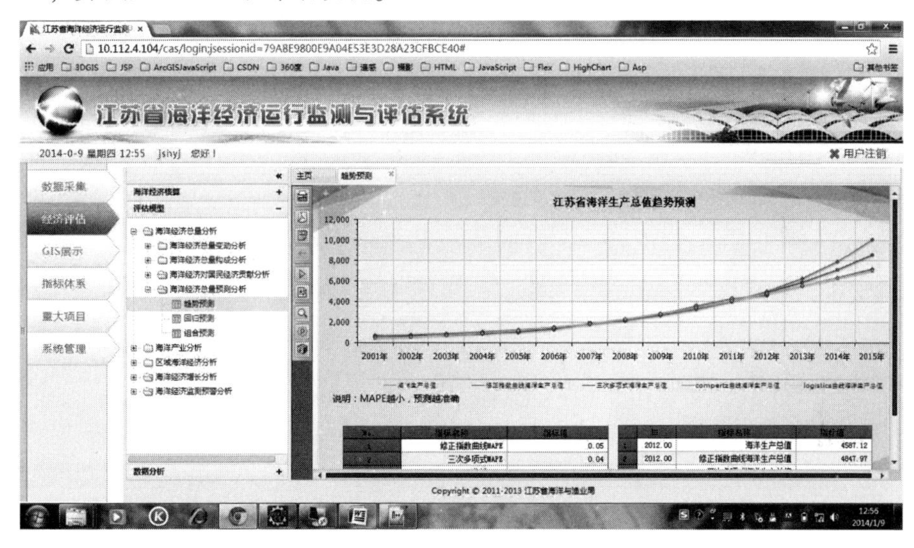

图 5-40　评估模型界面

海洋经济评估模型江苏省海洋生产总值回归预测图形化展示如图 5-41 所示。图中展示的海洋生产总值回归预测使用了海洋经济总量预测分析模型，算法见 7.1.4 节详细说明。

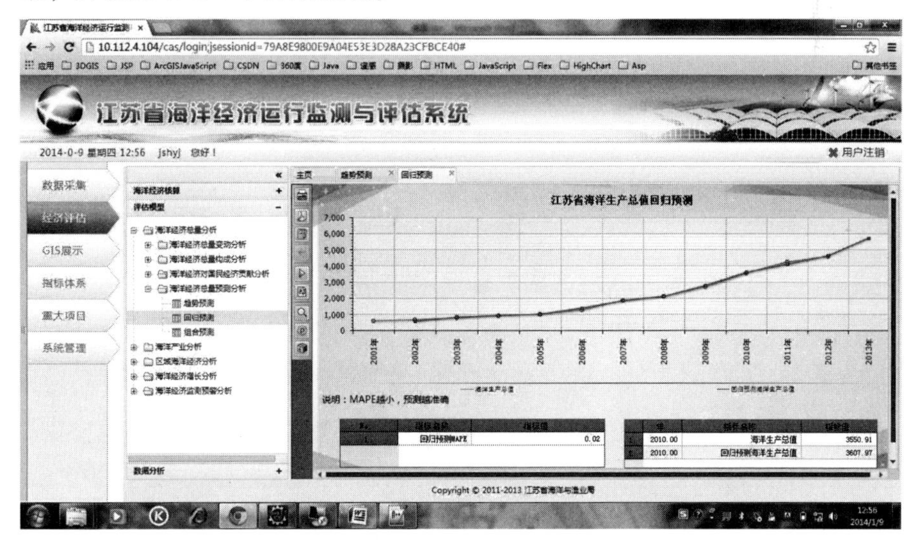

图 5-41　评估模型界面

海洋经济数据分析沿海海洋风能发电能力图形化展示（图 5-42），可以一目了然地看到各地区各年度海洋风能发电能力情况。

图 5-42　数据分析界面

海洋经济数据分析江苏省沿海开发重大项目推进计划投资图形化展示如图 5-43 所示，图中展示的是沿海开发重大项目推进计划总投资及完成投资占比情况。

图 5-43　数据分析界面

5.5 沿海开发重大项目管理系统

5.5.1 概述

江苏省沿海开发重大项目管理系统是对江苏省 230 个在建项目和 180 个历史项目基本信息的管理，并通过用户提供的项目基本信息，通过 GBASE BI 统计分析系统，对项目的多个维度进行统计分析，形成图表化分析图以及报表等多样分析图。最后通过 GIS 地图展示系统，与项目基本信息相结合，形成重大项目一张图。

沿海开发重大项目管理系统功能结构如图 5-44 所示。

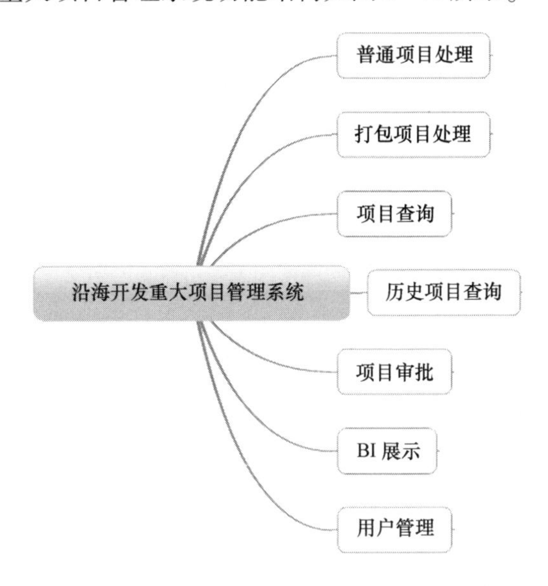

图 5-44　沿海开发重大项目管理系统功能结构图

5.5.2 主要功能展示

重大项目维护查询页面如图 5-45 所示，在本功能中可以查询用户所属权限内的所有重大项目，并对保存的数据可以进行修改删除，对提交的数据可以填写项目进度信息。

普通项目新增页面如图 5-46 所示，在本功能中可以增加江苏省沿海开发重大项目的普通项目信息，如项目名称、项目类别、项目类型、建设

图 5-45　重大项目查询维护界面

性质、计划总投资、责任单位、建设起止年限、项目建设内容及规模、项目状态、所属区划等信息。

图 5-46　普通项目新增界面

普通项目新增页面如图 5-47 所示，在本功能中可以增加江苏省沿海开发重大项目的打包项目的项目信息，如项目名称、项目类别、项目类型、建设性质、计划总投资、责任单位、建设起止年限、项目建设内容及规模、项目状态、所属区划等信息。

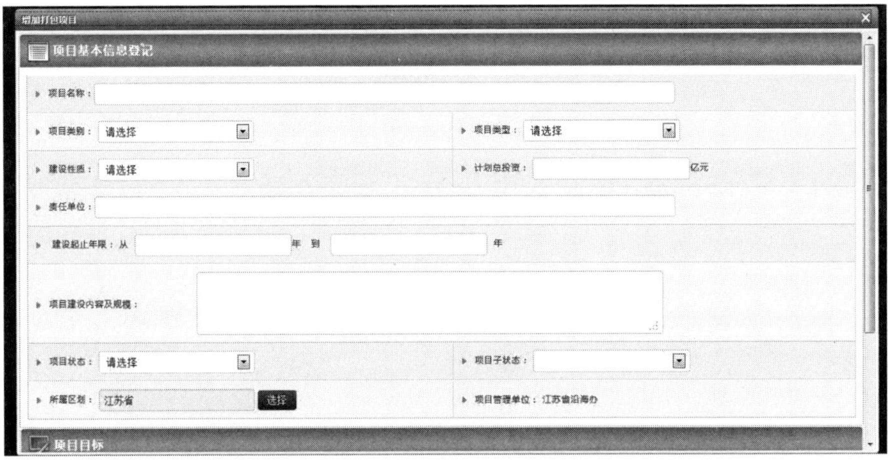

增加打包项目
项目基本信息登记
项目名称：
项目类别：
请选择
项目类型：
请选择
建设性质：
请选择
计划总投资：
亿元
责任单位：
建设起止年限：从
年 到
年
项目建设内容及规模：
项目状态：
请选择
项目子状态：
所属区划：
江苏省
选择
项目管理单位：江苏省沿海办
项目目标

图 5-47　打包项目新增界面

项目明细页面如图 5-48 所示，在本功能主要负责展现重大项目的基本信息，并根据项目的实际进度形成相应的饼状图，饼状图展示了未完成项目的占比信息，左侧有项目相关的基本信息。

项目明细
项目目标
计划总投资：150亿元
2012年底前新开工20万平方米建筑及相关道路等基础配套设施
2015年底前2013年起每年不少于30万平方米新开工建筑面积及基础配套设施建设
项目进度
百分比: 43.3 %
百分比: 56.7 %
2013年第四季度
未完成
项目基本信息明细
项目名称：江苏省启东经济开发区
项目类型：重大载体平台
建设性质：续建
计划总投资：150亿元

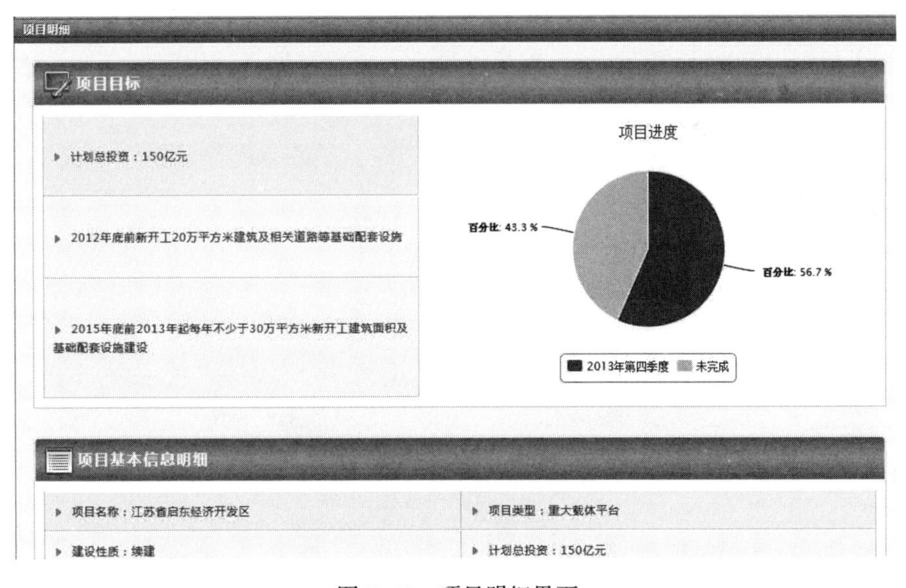

图 5-48　项目明细界面

项目进度填写页面如图 5-49 所示，在本功能中所属单位可以添加重大项目的进度信息，并提交江苏省沿海地区发展办公室（简称沿海办）进行审核。

项目进度填写
项目目标
项目时间节点
项目目标
2012年底前
新开工20万平方米建筑及相关道路等基础配套设施
2015年底前
2013年起每年不少于30万平方米新开工建筑面积及基础配套设施建设
项目进度信息
年度
季度
实际进度
实际投资额（亿元）
累积投资（亿元）
累积比例
处理状态
填报市县
操作
2013年
第四季度
已经完成85亿
85
85.0
56.7%
已审批
江苏省级
请选择
新增项目进度
保存
提交

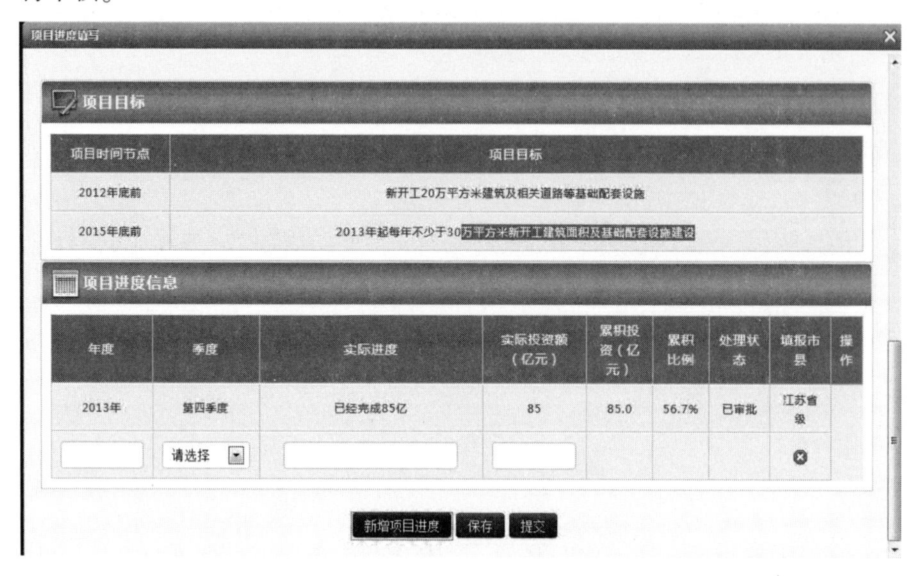

图 5-49 项目进度编辑界面

项目审批界面如图 5-50 所示，在本功能中江苏省沿海办根据下级单位上报的项目进度进行审核，审核通过后，项目进度正式生效，审核不通过，回退给下级单位重新修改进行上报。

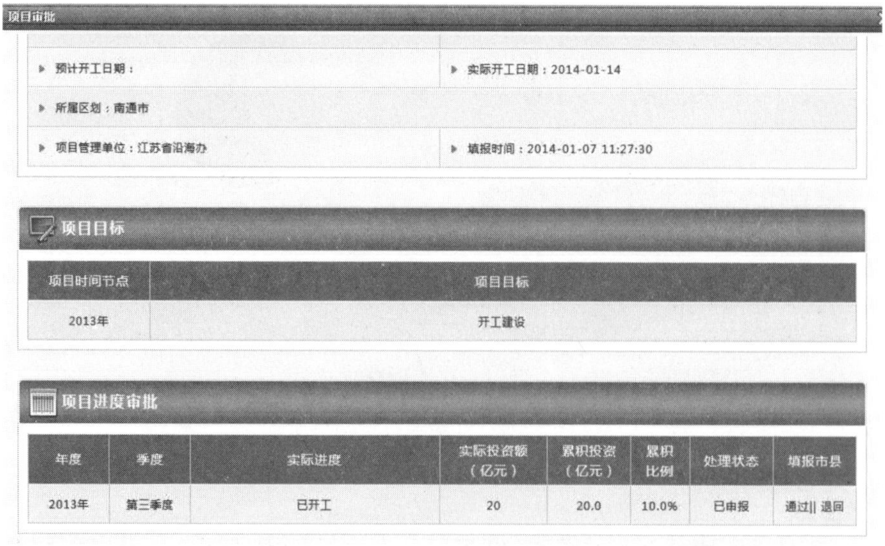

项目审批
预计开工日期：
实际开工日期：2014-01-14
所属区划：南通市
项目管理单位：江苏省沿海办
填报时间：2014-01-07 11:27:30
项目目标
项目时间节点
项目目标
2013年
开工建设
项目进度审批
年度
季度
实际进度
实际投资额（亿元）
累积投资（亿元）
累积比例
处理状态
填报市县
2013年
第三季度
已开工
20
20.0
10.0%
已申报
通过|| 退回

图 5-50 项目审批界面

历史项目查询页面如图 5-51 所示，在本功能中主要根据查询条件查询江苏省 180 个历史项目，包括项目名称、项目类别、项目类型、起止年限、开工日期、计划总投资额等。

综合信息展示　项目信息管理　用户注销

项目信息

项目名称：　项目类型：请选择　查询

序号	项目名称	项目类别	项目类型	起止年限	开工日期	计划总投资	操作
1	连盐铁路1	推进项目	重大基础设施	2011-2015		132	
2	连云港港30万吨级航道一期、二期工程1	推进项目	重大基础设施	2010-2015	2009.9	80	
3	连云港港徐圩港区防波堤工程	推进项目	重大基础设施	2011-2015	2012.10	40	
4	连云港港滨海码头	推进项目	重大基础设施	2009-2020	2009	101	
5	新电公司"上大压小"及扩建2	推进项目	重大基础设施	2010-2012	2010	74	
6	田湾核电3、4、5、6号机组	推进项目	重大基础设施	2012-2020	2012.12	659	
7	镍合金项目	推进项目	重大产业项目	2011-2015	2011.1	92	
8	珠江高性能管线钢管和管线板材项目	推进项目	重大产业项目	2011-2015	2011.1	138	

图 5-51　历史项目查询界面

在建项目查询页面如图 5-52 所示，在本功能中主要根据查询条件查询江苏省 230 个在建项目，包括项目名称、项目类别、项目类型、建设性质、是否为打包项目、责任单位等。

综合信息展示　项目信息管理　用户注销

项目信息

项目名称：　项目类型：请选择　责任单位：　计划总投资：

是否为打包项目：请选择　项目状态：请选择　项目子状态：　查询

序号	项目名称	项目类别	项目类型	建设性质	是否为打包项目	责任单位	保存/提交	操作
1	测试项目1	储备项目	重大基础设施	续建	否	江苏省	保存	
2	打包项目1	推进项目	重大基础设施	续建	是		保存	
3	普通项目演示	推进项目	重大基础设施	续建	否	南通市	提交	
4	江苏省启东经济开发区	推进项目	重大载体平台	续建	否	南通市政府、启东经济开发区	提交	
5	大丰博汇造纸及纸浆项目	推进项目	重大产业项目	新建	否	盐城市政府、大丰市政府	提交	
6	盐城条子泥滩涂围垦工程	推进项目	重大滩涂围垦	新建	否	省沿海办、省沿海开发集团、盐城市政府、东台市政府	提交	

图 5-52　在建项目查询界面

5.6 海洋经济信息服务发布和门户系统

5.6.1 概述

建设海洋经济信息服务发布与门户系统，将海洋经济运行数据管理信息、海洋经济评估信息、海洋经济最新新闻报道等及时对外发布，方便为涉海企业、涉海相关部门、社会公众提供及时资讯。门户系统提供统一单点登录，为涉海企业、涉海部门、海洋行政主管部门、社会公众等提供多应用系统间的快速登录通道。

海洋经济信息服务发布与门户系统需要在互联网中部署，实现海洋经济运行监测与评估信息的发布和共享。海洋经济信息服务发布与门户设计包括海洋经济信息服务发布子系统和门户子系统两部分。

海洋经济信息服务发布和门户系统功能结构如图 5-53 所示。

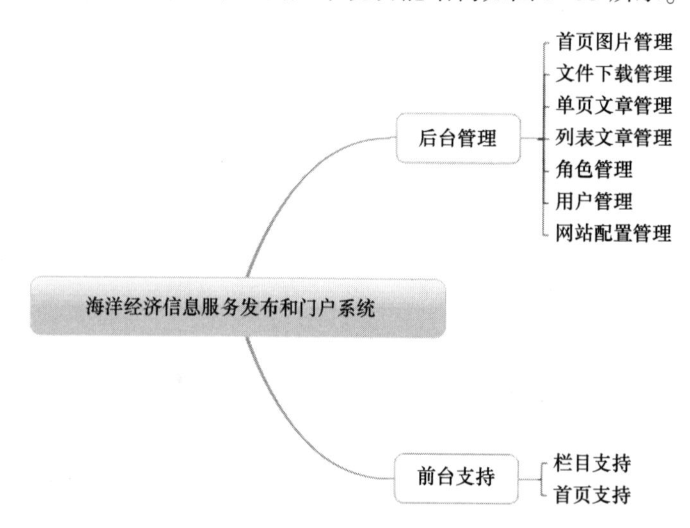

图 5-53 海洋经济信息服务发布和门户系统功能结构图

5.6.2 主要功能展示

江苏省海洋经济信息服务发布门户展示页面（见图 5-54），由导航菜单、图片新闻、海洋经济动态、通知公告、海洋公报、数据信息等分类构成。

图 5-54　门户界面

江苏省海洋概况展示如图 5-55 所示，包含相关文字介绍和图片说明。

相关国家海洋政策法规展示界面如图 5-56 所示，包含所有国家海洋相关政策法规的链接，并支持关键字搜索。

图 5-55 概况界面

图 5-56 政策法规界面

用户文件管理文件清单展示如图 5-57 所示，通过文件列表，用户可以对相关文件进行修改、删除和上传操作。

用户活动管理列表展示如图 5-58 所示，通过列表可以进行相关活动内容的管理。

图 5-57　文件管理界面

图 5-58　活动管理界面

5.7　海洋经济 GIS 展示系统

5.7.1　概述

江苏省海洋经济 GIS 展示系统是对数据上报系统采集的原始指标数据

进行分析并展示。系统实现在 GIS 系统上定位用海企业、分析各产业的分布情况，制作各类经济数据的专题图；对江苏省沿海开发重大项目进行定位、查找，分析各类别重大项目的分布情况；对沿海 11 省份的历史经济数据进行统计分析。

海洋经济 GIS 展示系统功能结构如图 5-59 所示。

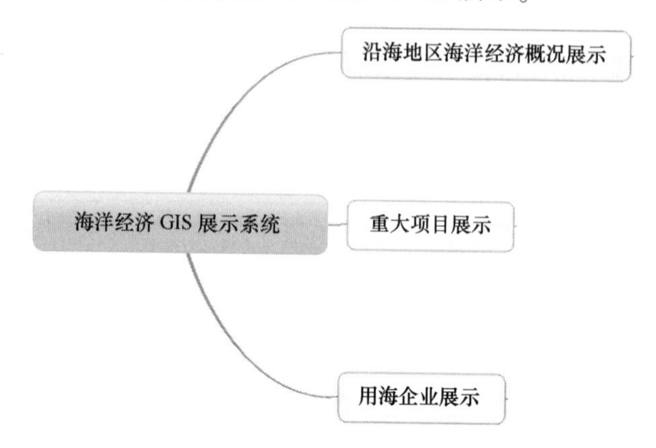

图 5-59　海洋经济 GIS 展示系统功能结构图

5.7.2　主要功能展示

GIS 部分菜单项，主要包括沿海地区海洋经济概况、重大项目、用海企业三大部分，这些菜单下的内容都可以用 GIS 地图进行数据展示（图 5-60）。

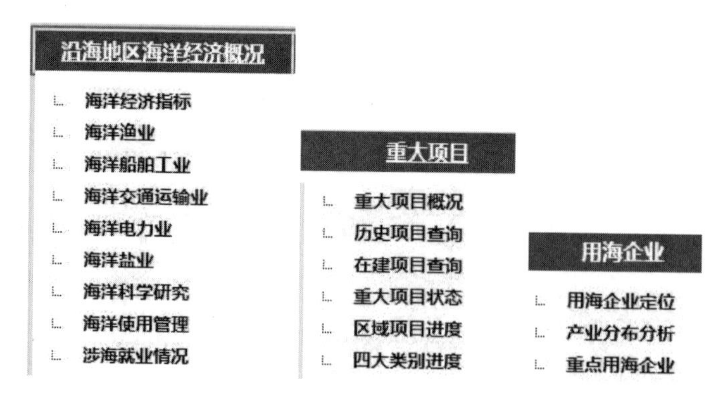

图 5-60　GIS 菜单界面

GIS 主界面如图 5-61 所示，进入海洋经济 GIS 展示系统显示江苏省遥感图像、江苏省沿海三市和南京市的坐标点，鼠标放到各坐标点上，显示各区域的主要海洋经济特点、概况信息。

图 5-61　GIS 主界面

沿海地图历史经济数据指标等级专题统计图如图 5-62 所示，显示各经济指标历史经济数据的等级专题图、BI 统计图，并将地图和 BI 统计图进行关联。

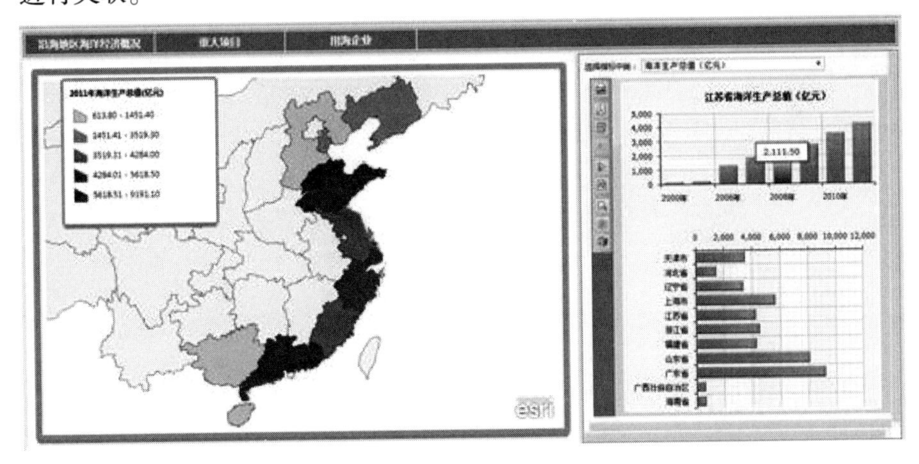

图 5-62　专题统计图界面

重大项目概况如图 5-63 所示，显示各区域的重大项目概况信息，并将各区域在地图上高亮显示。

图 5-63　重大项目概况界面

重大项目历史项目和在建项目查找、定位、详细信息查询界面及查询结果如图 5-64 至图 5-66 所示。

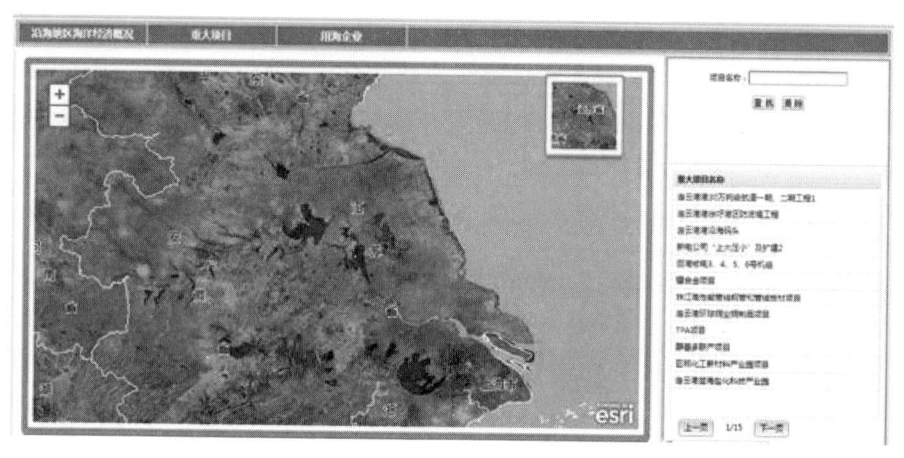

图 5-64　重大项目查询界面

重大项目状态查询界面（见图 5-67 至图 5-69），显示重大项目已经完工或未开工的项目，点击项目点显示其详细信息，包括项目基本信息、项目进度统计图等。

重大项目区域进度统计图如图 5-70 所示，通过地图和右侧的图形组件关联和联动，可以进行交互式信息查看。

重大项目四大类别统计图如图 5-71 所示。

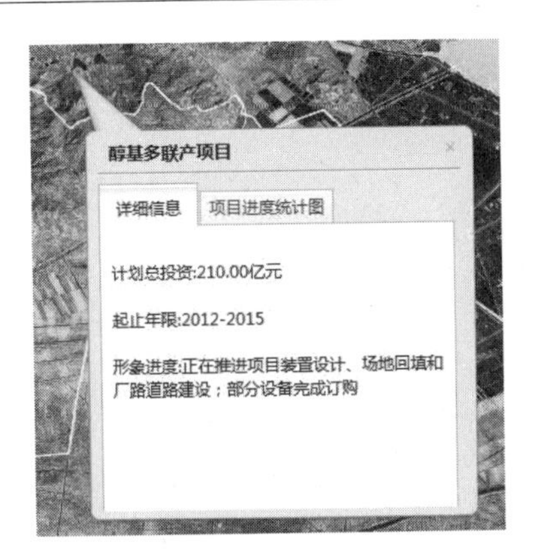

图5-65　重大项目定位界面

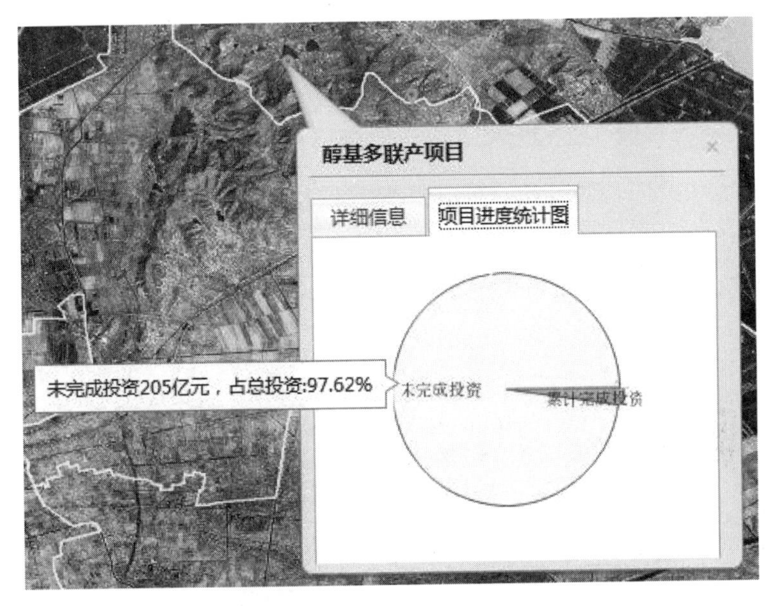

图5-66　重大项目详细信息界面

用海企业及其用海区域查找与定位界面如图5-72所示。

江苏省四类主要海洋产业用海企业的分布情况分析界面（见图5-73），把所有企业的地理位置信息和GIS地图绑定后，GIS上可以标注企业所在地区。

重点用海企业三维展示界面——三维效果图如图5-74所示。

重点用海企业三维展示界面——360°企业展示效果图如图5-75所示。

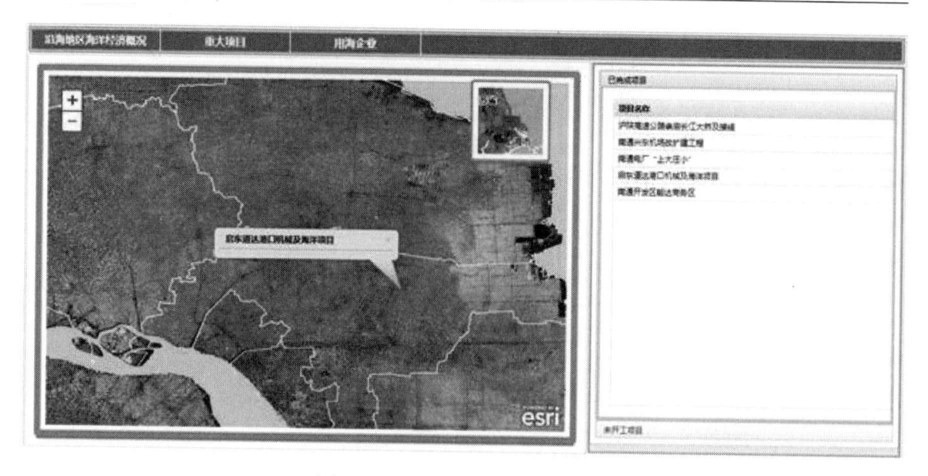

图 5-67　重大项目定位界面

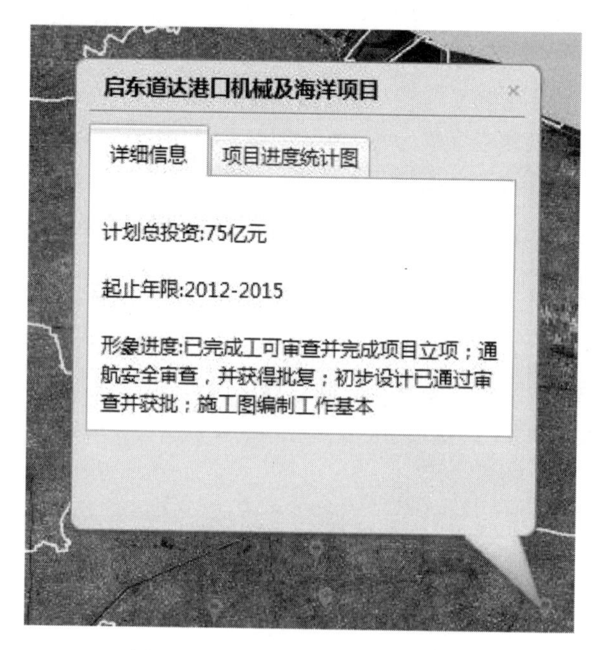

图 5-68　重大项目详细信息界面

重点用海企业三维展示界面——企业简介，把所有企业的地理位置信息和 GIS 地图绑定后，GIS 上可以标注企业所在地区，点击后可以查看企业的详细介绍（见图 5-76）。

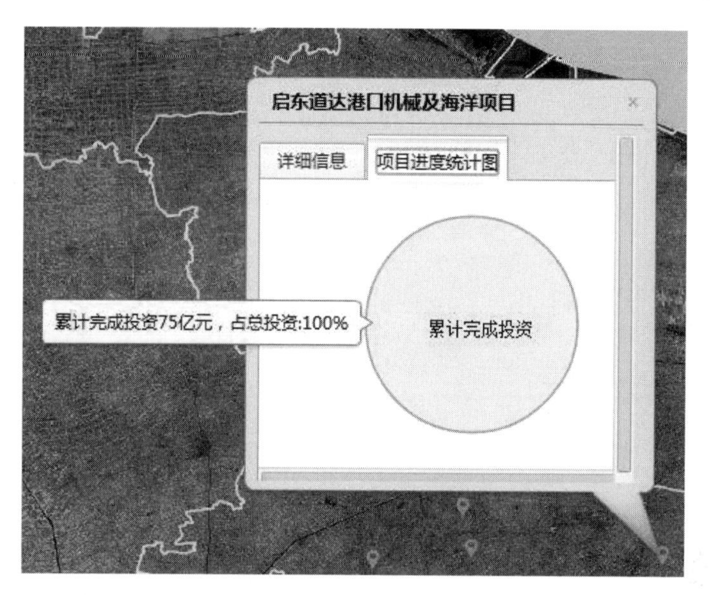

图 5-69　重大项目建设进度界面

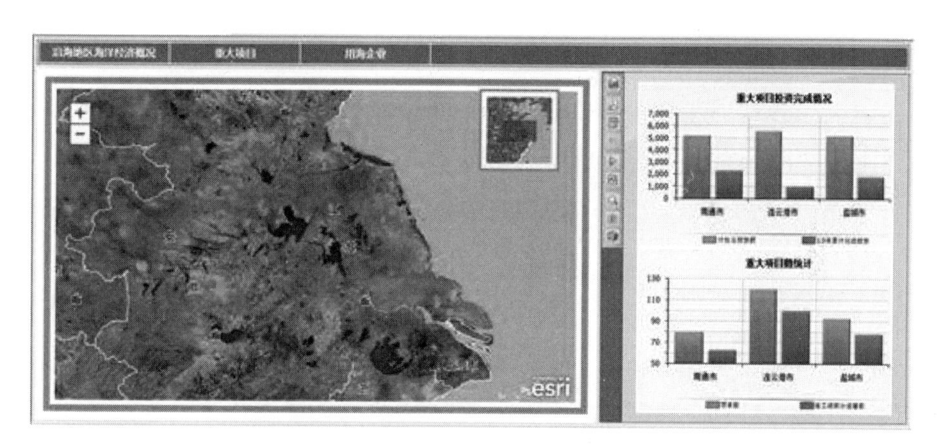

图 5-70　重大项目建设区域进度界面

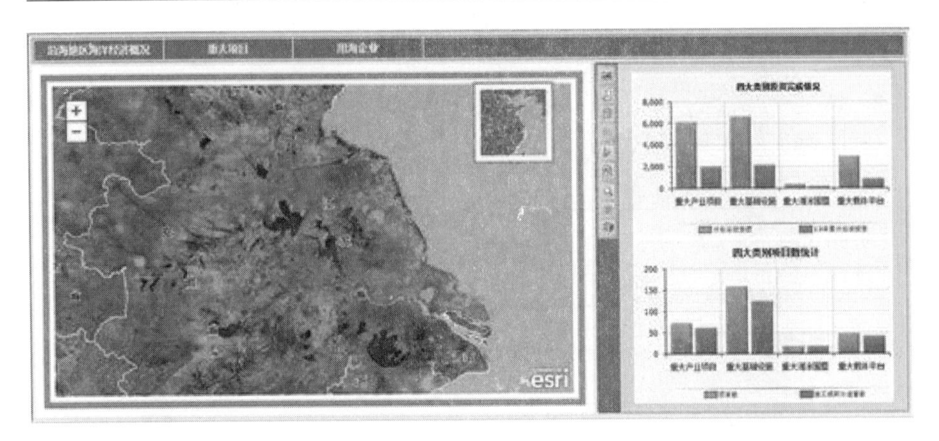

图 5-71　重大项目四大类别统计图界面

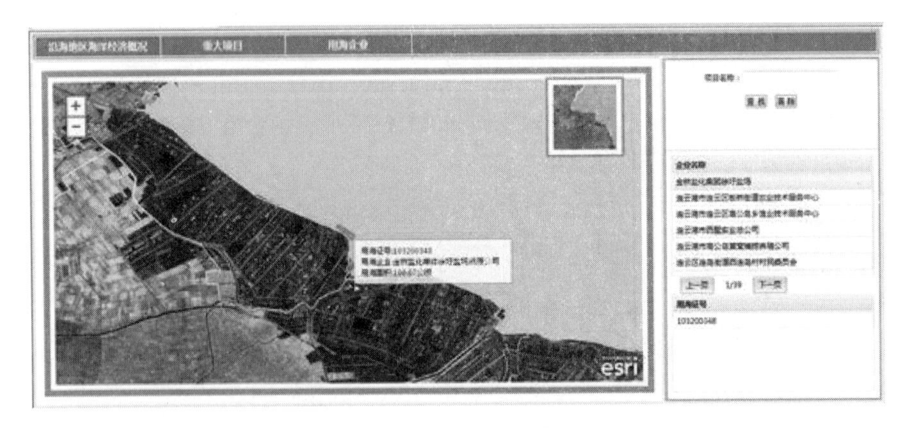

图 5-72　用海企业查找界面

图 5-73　用海企业分布界面

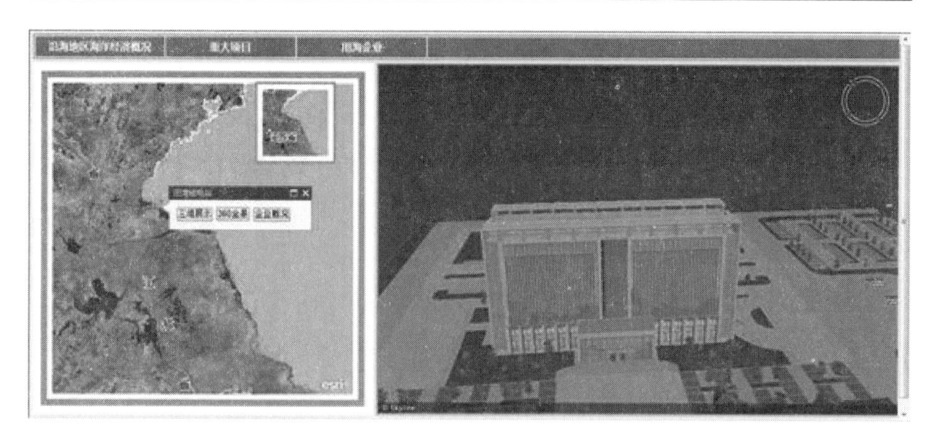

图 5-74　用海企业三维界面

图 5-75　用海企业三维 360°界面

图 5-76　用海企业简介界面

第6章　系统关键技术

江苏省海洋经济运行监测与评估系统以数据仓库技术为数据基础支撑，以数据可视化和GIS可视化为系统前端支撑，利用更智慧、更全面、更有效、更快捷的系统应用将江苏省海洋经济运行监测与评估的各个层面进行有机融合，实现全省海洋经济的智慧化发展。系统建设中所需要使用的技术较为复杂和多样，需要不同技术之间的协同合作才能达到预期效果。

同时，作为系统关键技术中最核心的数据仓库技术，项目建设过程中使用了国产高性能分析型数据库，符合习近平总书记提出的“把关键技术掌握在自己手里”的号召，实现了系统核心技术的自主可控。

本章针对江苏省海洋经济运行监测与评估系统建设过程中使用到的关键技术进行介绍，结合系统自身特点分别从数据仓库技术、数据可视化技术、GIS可视化技术和应用开发关键技术四个方面进行展开，对系统建设使用的业界先进技术进行整体说明，使使用者在了解江苏省海洋经济相关业务系统操作的基础上对系统建设中使用的关键技术进行初步了解，从而对本系统有更加全面、深入的理解。

6.1　数据仓库技术

江苏省海洋经济运行监测与评估系统的建设采用国产高性能数据库产品用作数据仓库系统的承载数据库，满足海洋业务日益增大的数据查询、数据统计、数据分析、数据挖掘和数据备份的需求。

数据仓库采用的关键核心技术包括：列存储、自适应压缩、智能索引、全文检索等。

6.1.1　列存储

列式数据库是在磁盘上以列为单位进行数据存储的数据库，与传统的行存数据库有本质的区别。

区别于传统行存数据库，数据在磁盘中按照列的方式进行组织和物理存储。行存储架构和列存储架构的数据库分别适用于不同的应用，具备各自的优劣势，如图 6-1 所示。列存储架构对查询、统计和分析类操作具备天然的优势。

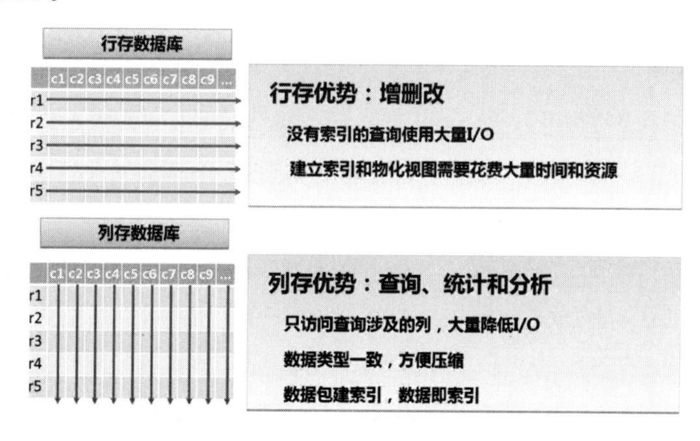

图 6-1　行存和列存数据库的区别

面对海量数据分析的 I/O 瓶颈，把表数据按列的方式存储，其优势体现在以下四个方面。

（1）不读取无效数据：降低 I/O 开销，同时提高每次 I/O 的效率，从而大大提高查询性能。查询语句只从磁盘上读取所需要的列，其他列的数据是不需要读取的。例如，有两张表，每张表 100 GB 且有 100 列，大多数查询只关注几个列，采用列存储，不需要像行存数据库一样、将整行数据取出，而只取出需要的列。磁盘 I/O 是行存储的 1/10 或更少，查询响应时间提高 10 倍以上。

（2）高压缩比：压缩比可以达到 5~20 倍以上，数据占用空间降低到传统数据库的 1/10 ，节省了存储设备的开销。

（3）当数据库的大小与数据库服务器内存大小之比达到或超过 2：1（典型的大型系统配置值）时，列存的 I/O 优势就显得更加明显。

（4）分析型数据库的独特列存储格式，对每列数据再细分为“数据包”。这样可以达到很高的可扩展性：无论一个表有多大，数据库只操作相关的数据包，性能不会随着数据量的增加而下降。通过以数据包为单位进行 I/O 操作提升数据吞吐量，从而进一步提高 I/O 效率。

6.1.2 自适应压缩

由于数据按列包存储，每个数据包内都是同构数据，内容相关性很高，这使得分析型数据库更易于实现压缩，压缩比通常能够达到 1∶10 甚至更优。这使得能够同时在磁盘 I/O 和 Cache I/O 上都提升数据库的性能，在某些场景下的运算性能比传统数据库快 100 倍以上。

分析型数据库允许用户根据需要设置配置文件，选择是否进行压缩。在启用压缩的情况下分析型数据库根据数据的不同特性以及不同的分布状况，自动采用相应的压缩算法，并设置了库级、表级、列级压缩选项，灵活平衡性能与压缩比的关系，而且压缩与解压缩过程对用户是透明的，压缩算法如下：

- 行程编码（适用于大量连续重复的数据，特别是排序数据）；
- 基于数据的差值编码（适用于重复率低，但彼此差值较小的数据列）；
- 基于位置的差值编码（适用于重复率高，但分布比较随机的数据列）。

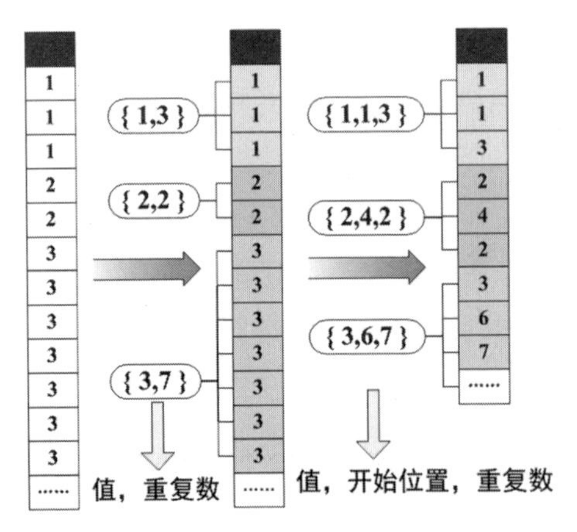

图 6-2 自适应压缩

6.1.3 智能索引

与传统数据库索引技术相比，智能索引建立在数据包上（粗粒度索引)，并且每个字段均自动建有索引，而传统索引建立在每行数据上（细粒度索引)，因此访问智能索引要比访问传统索引需要更少的 I/O（几万分之一)。同时，智能索引所占空间大约是数据的百分之一，而传统数据库索引则要占到数据的 20%~50%。

例如：表 T 包含 A 和 B 两列数值型数据、总共 300 000 行，分析型数据库的存储引擎将其分割为 A1~A5、B1~B5 共 10 个数据包。图 6-3 为分析型数据库为表 T 自动创建的粗粒度智能索引。

	A (int)	B (int)	
	min, max, sum, ...	min, max, sum, ...	
数据包 A1	0, 5, 10000, ...	0, 5, 10000, ...	数据包 B1
A2	0, 2, 2055, ...	0, 2, 100, ...	B2
A3	7, 8, 500000, ...	0, 1, 100, ...	B3
A4	0, 5, 30000, ...	0, 5, 100, ...	B4
A5	-4, 10, 12, ...	-15, 0, -40, ...	B5

图 6-3　智能索引

T 表第一个数据包 A1 的智能索引记录了最小值为 0 ，最大为 5 ，汇总值 10 000 等基本信息。对于一个统计操作，只需要访问智能索引相关信息就可以知道简单汇总值，不再需要解压缩数据包。

分析型数据库采用粗粒度的智能索引，包含了描述数据间相互依赖关系的高级信息，有效地解决复杂得多表连接和子查询，能够准确识别数据包的需要，最大限度地减少磁盘 I/O。

分析型数据库的粗粒度智能索引优势在于：

- 以数据包（每个包包含几万行数据）为单元建立的，占用的磁盘空间是传统索引的 1%；
- 所有字段上都有智能索引，索引在数据批量加载时自动建立，不需要人工介入；
- 对应用完全透明，对即席查询的支持能力远远高于传统数据库。

智能索引与传统索引的比较如表 6-1 所示。

表 6-1　索引技术比较

	智能多维索引	传统 B-tree 索引	传统 Bitmap 索引
粒度	每个数据包	每行数据	每行数据
可扩展性	非常高	一般	一般
适用范围	所有字段	数据重复率低的字段	数据重复率高的字段
占用空间	数据的百分之一	≥ 数据	数据的几十分之一
使用的透明性	完全透明	复合索引受 SQL 限制	受 SQL 限制
建立、维护模式	完全自动	手工	手工

智能索引原理如图 6-4 所示。

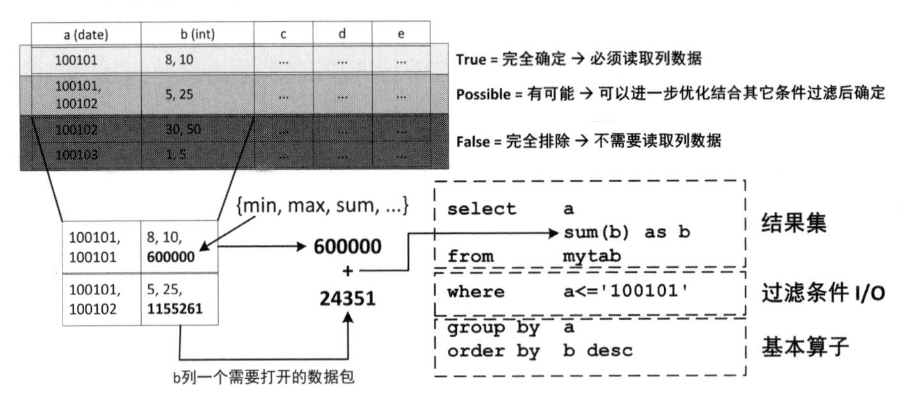

图 6-4　智能索引原理

假设一个 mytab 表，按列存储了 a，b，c，d，e 五列，存储引擎将每列都拆分成了几个数据包。对于查询应用，GBase 8a 的执行流程如下：

（1）输入一条查询语句：

SELECT　　a，sum（b）as b

FROM　　mytab

WHERE　a<=′100101′

GROUP BY　　a

ORDER BY　　b DESC；

（2）根据查询条件，智能索引先过滤 a 的数据包，即哪些数据包符合 a<=′100101′ 这个查询要求。图中浅灰和中灰部分代表完全确定和不完全

确定的数据包（不完全确定是指根据智能索引尚无法准确判断）；

（3）对于浅灰色的数据，只需访问 b 数据包的智能索引，就能得到 sum 值，不用对此数据包做磁盘 I/O 。这里的 sum 值为 600 000 ；

（4）对于中灰色的数据，将其所对应的 a、b 数据包解压缩，进行查询、求和计算，获取满足查询条件的聚合值；

（5）对于深灰色数据，由于其不满足查询条件，则根本不需要读取相关数据；

（6）将（3）、（4）的结果求和，返回。

由此可以看出，对于统计分析场景，智能索引技术可以减少大量的 I/O，提高查询速度。

6.1.4　双向并行

实现了自动高效的并行 SQL 执行计划，充分利用现代的 SMP 多核 CPU 资源并行处理海量数据。同时具有智能的算法适配功能。例如灵活的 Join 处理方式，支持 Hash Join、Merge Join 和 Nested Loop Join。针对不同的数据分布及特征，会智能地选择不同算法进行处理。这也充分解决各种行业应用中 Join 操作，特别是 10 个以上多表 Join 操作带来的性能压力。针对不同的数据分布及特征，会智能地选择不同算法进行处理。

支持双向并行查询（图 6-5），进一步提高查询性能。

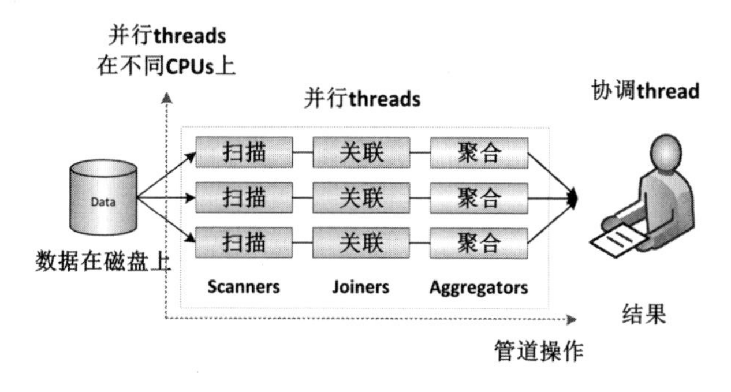

图 6-5　并行查询

纵向并行：充分发挥了多核的优势，将同一任务，拆分成若干个线程，交给不同的 CPU 核并行执行；

横向并行：第一个组任务（“扫描”）将中间结果不断传送给第二个

组（“关联”），第二个组在第一个组启动后很快就可以启动操作。第一个组和第二个组之间形成一个横向的“管道操作”。

6.1.5 全文检索

全文检索的许多场景应用是对大数据文件的搜索查询，这些大数据文件格式各异，可能是 HTML，DOC，PDF，TXT，XML，ZIP 等多种文件格式，属于非结构化数据文件。由于数据库的 VARCHAR，BLOB 和 TEXT 等字段类型都有上限约束，不适合直接存储非结构化的数据文件，为此增加了 URI 类型，在数据库中只保存非结构化数据文件的 URI 元信息（含文件存储路径、文件类型、校验等信息），将数据文件实体存储在数据库之外的文件系统中，通过 URI 的内容来实现对非结构化数据文件的检索和查询。

江苏省海洋经济运行监测与评估系统的建设采用国产高性能数据库产品，内嵌了全文检索功能。全文检索 URI 类型支持的文件格式有 HTML，DOC，PDF，TXT，XML，ZIP 文件格式，可正常解析这些文件格式中的内容并能建立全文索引。针对 ZIP 文件，能够解析 ZIP 文件压缩包中的具体文件的内容，支持 PB 级海量数据，支持扩展（自定义函数、自定义字段类型、自定义分词、外部索引）。

分词：

基于单字切分，无分词歧义、前后台分词不一致问题；

支持 UTF-8，无语种限制。

索引：

索引并行（分词、排序、压缩、I/O），单机索引速度可达 20 M/s；

索引膨胀率 <1.5；

支持边建边搜；

通过 BTree 文件+块文件解决磁盘碎片与数据碎片；

支持自动数据整理，提升查询效率。

查询：

召回率 100%；

基于统计的排序策略：TF-IDF BM25。

规模：

每节点 50 亿行以上。

6.2　数据可视化技术

6.2.1　交互式图表

交互式图表引擎包含交互式图形引擎和交互式报表引擎（图 6-6）。交互式图形引擎和交互式报表引擎相配合负责展现最终的数据处理结果，能够提供交互式图形和各种形式的报表。提供图形和报表服务器组件，方便用户报表部署、管理、浏览和实时查询等操作。提供完整的报表服务 API，实现与应用系统的无缝集成。在制造出专业水平的高质量报表同时，可以为开发商和用户节省大量的开发时间。支持多种数据源，可以透明地生成多种通用格式的报表。

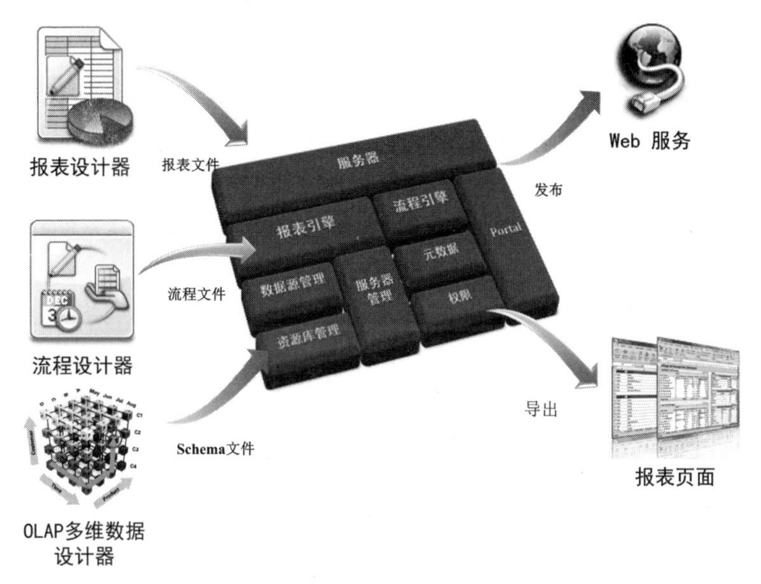

图 6-6　交互式图表架构

6.2.2　拖拽式操作

为方便用户操作，本系统各种功能操作无需人员二次编程，通过简单的拖拽完成相关操作。多维分析操作过程具备可视化的多维分析导航，用户通过简单的鼠标拖拽、点击就可以生成查询。这个过程是无需编程的，因此非常适合业务人员操作。

拖拽的过程共有三个，分别为拖、移动和放。一个拖放操作被启动的时候，一个拖拽源对象通过静态方法被添加进去。对拖拽管理器所调度的对象进行注册监听的那些组件被认为是拖放目标，能够接收数据源对象。组件传给拖拽管理器的数据源对象可以被移动也可以被复制。拖放操作默认是移动。

Flex 组件内置了处理拖拽事件的接口，有些控件已经实现了拖拽功能，比如 List，DataGrid，Menu，TileList，Tree，在设置相关的拖拽属性后，它们都可以在相同类型的组件之间利用鼠标来实现数据的转移。

- allowDragSelection：是否可以拖选。
- allowMultipleSelection：是否可以多选。
- dragEnabled：是否可以拖动子元素。
- dragMoveEnabled：是否移动元素位置，而不是复制元素。
- dropEnabled：是否可以将物体放置进来。

在 Flex 中，有特定的对象供开发者处理拖拽事件。

- DragManager：位于 mx. managers 包中，管理拖拽事件。
- DragSource：位于 mx. core 包中，是 Flex 框架中的核心成员，处理拖拽中的数据传递。
- DragEvent：位于 mx. events 包中，拖拽操作中的事件对象。

按照逻辑，拖拽中至少有两个对象：一方提供数据，一方接收数据。在这个过程中，提供数据的一方按照前后顺序，可以把整个过程划分为下面几个事件。

- mouseDown：鼠标按下。
- mouseMove：鼠标移动。
- dragComplate：鼠标释放。判断目标是否接收数据，如果可以，拖放成功。

接收方也将经历几个阶段。

- dragEnter：被拖动对象移动到目标范围中。
- dragDrop：鼠标在目标上松开。
- dragOver：鼠标移动到目标上。
- dragExit：独享被拖离目标范围。

6.2.3　即席查询

即席查询（Ad Hoc）是用户根据自己的需求，灵活地选择查询条件，系统能够根据用户的选择生成相应的统计报表。即席查询是由用户自定义查询条件的。即席查询中所有操作都在网页中完成，没有额外的系统维护工作。Ad Hoc 是基于模型进行查询的，由于模型屏蔽了数据库和数据的复杂性，所以用户看到的都是与自身相关的业务术语、业务关系和业务含义，从而保证了随机查询的简单性和方便性。预警信息以不同的颜色来突出显示特别高或者特别低的分析结果。Ad Hoc 除了查询数据以外，还可以绘制各种分析图表，使查询结果变得更直观。即席查询通过选择函数可以对度量列进行最大、最小、求和、求平均等运算。

传统的报表具有封闭性、表头复杂、不规则性、数据计算复杂、数据来源复杂等缺点，增加了报表开发制作的难度和工作量。Ad Hoc 能够灵活应对这些困难，使制作报表更加简单、灵活。Ad Hoc 操作简单，很快便可实现一份企业所需的、图文并茂的报表。传统手工方式可能要几个小时甚至更长时间才能实现一份企业所需的、图文并茂的报表，而 Ad Hoc 操作简单，只需要几分钟甚至几十秒钟即可实现，大大提高了工作效率。企业领导对数据的及时性要求往往很高，需要随时了解各种数据，Ad Hoc 根据企业的业务需求组合查询条件，满足不同领导对于数据即时查询的需要。

6.2.4　OLAP 多维分析

系统具备独立的 OLAP 服务器，实现独立 OLAP 多维分析引擎，引擎完全采用 JAVA 语言完成开发，实现了 XMLA 和 JOLAP 规范，而且可使用业界通用的 MDX 语言进行相应多维分析应用和实现查询，从关系型数据库（RDBMS）中读取数据并经过系统展示层采用多维方式对数据进行展现。其元数据主要包括 OLAP 建模的元数据，多维逻辑模型，从关系型数据库到多维逻辑模型的映射，存取权限等信息。在功能上可支持共享维和成员计算，支持星形模型和雪花模型等功能。

OLAP 应用是系统重要应用之一，是决策分析的关键。作为系统最重要的多维分析引擎，其利用存储在数据仓库中的数据完成各种分析操作，并以直观易懂的形式将分析结果返回给决策人员。它的目标是满足决策支持或多维环境特定的查询和报表需求，技术核心是 OLAP 多维分析引擎。OLAP 具有灵活的分析功能、直观的数据操作和分析结果可视化表示等突出优点，从而使用户对大量复杂数据的分析变得轻松而高效，以利于迅速做出正确的判断，辅助决策。

系统 OLAP 多维分析引擎可通过建立多维分析模式（Schema）对业务复杂数据进行模型整合，使用户可基于模型进行数据的多维分析。模式（Schema）定义了一个多维数据库，通过模型设计工具可实现其 XML 文件的生成和配置，在该文件中可形成逻辑模型和数据库物理模型的对应。通过引擎的逻辑模型可自动生成 MDX 语言的查询语句。这个逻辑模型在系统中实际上提供了这几个功能：Cubes（立方体）、维度（Dimensions）、层次（Hierarchies）、级别（Levels）和成员（Members）。

OLAP 多维分析引擎展现在用户面前的是一幅幅多维视图。

数据立方（Cube）：维和度量在一个特定主题范围内的集合。

维（Dimension）：是观察数据的特定角度，用于度量的分类，是考虑问题时的一类属性，属性集合构成一个维。

维的层次（Level）：观察数据的某个特定角度（即某个维）还可以存在细节程度不同的各个描述方面。

维的成员（Member）：维的一个取值，是数据项在某维中位置的描述。

度量（Measure）：多维数组的取值。

OLAP 的基本多维分析操作有钻取（Drill-up 和 Drill-down），切片（Slice）和切块（Dice），以及旋转（Pivot）等。

（1）钻取：是改变维的层次，变换分析的粒度。它包括向下钻取（Drill-down）和向上钻取（Drill-up）/上卷（Roll-up）。Drill-up 是在某一维上将低层次的细节数据概括到高层次的汇总数据，或者减少维数；而 Drill-down 则相反，它从汇总数据深入到细节数据进行观察或增加新维。

（2）切片和切块：是在一部分维上选定值后，关心度量数据在剩余维上的分布。如果剩余的维只有两个，则是切片；如果有三个或以上，则是切块。

（3）旋转：是变换维的方向，即在表格中重新安排维的放置（例如行列互换）。

OLAP 系统按照其存储器的数据存储格式可以分为关系 OLAP（RelationalOLAP，简称 ROLAP）、多维 OLAP（MultidimensionalOLAP，简称 MOLAP）和混合型 OLAP（HybridOLAP，简称 HOLAP）三种类型，本系统主要研究 ROLAP。

ROLAP 将分析用的多维数据存储在关系数据库中，并根据应用的需要有选择地定义一批实视图作为表也存储在关系数据库中。不必要将每一个 SQL 查询都作为实视图保存，只定义那些应用频率比较高、计算工作量比较大的查询作为实视图。对每个针对 OLAP 服务器的查询，优先利用已经计算好的实视图来生成查询结果以提高查询效率。同时用作 ROLAP 存储器的 RDBMS 也针对 OLAP 作相应的优化，比如并行存储、并行查询、并行数据管理、基于成本的查询优化、位图索引、SQL 的 OLAP 扩展（Cube、Rollup），等等。

6.3　GIS 可视化技术

GIS 专题地图是使用各种图形样式（如颜色或填充模式）图形化地显示地图基础信息的一类地图，是分析和表现数据的一种强有力的方式，用户可以通过使用专题地图的方式将数据图形化，使数据以更直观的形式在地图上体现出来。当使用专题渲染在地图上显示数据时，用户就可以清楚地看出在数据记录中难以发现的模式和趋势，为决策支持提供依据。

制作专题地图是根据某个特定专题对地图进行“渲染”的过程。专题通常是从某些数据集中获取的一些数据，而专题渲染，就是通过颜色深浅、符号或填充图案等来表示地图对象（点、线、区域）的某些信息（例如面积、大小、销售量、日期等）经过这样渲染的地图就是专题地图。利用 GIS 专题图可根据数据表中特定的专题值来赋给地图的对象颜色、图案或符号，从而创建不同的专题地图。此外，还可以根据用户的需要分层输出专题，显示不同要素和活动位置，或有关属性内容，并可将地图与各种专题图、统计图表等信息组织在一起打印和浏览。

利用电子地图操作子系统可以方便地发布和使用地图数据，允许用户对特征数据进行更新、删除、插入操作，通过电子地图操作系统可以很容易的在用户之间迅速共享空间地理信息。包括地图数据处理、部署地图数据、发布地图服务等功能。用户可以在已有地图的基础上，继续增加新的内容，如维护涉海企业在地图上的位置。装在新的地图文件、图层文件、设置新的样式等。对于已有的区域地图，用户可在区域地图上进行漫游、缩放、图层切换、地图导出、分享和打印，从而实现对地图的基本使用。本项目 GIS 专题图技术包括服务端和操作端。服务端含地图装载、管理图层、修改样式等；操作端含漫游、缩放、图层切换、地图导出、打印等功能。

6.4 应用开发关键技术

6.4.1 门户技术

Portal（门户网站）是针对指定用户和团体的 Web 站点，提供包括：内容聚合、发布与用户相关的信息、相互协作和团体服务、从高个性化的角度为用户提供服务或应用访问等功能的集合。

门户就是所需要的信息。一个机构的 Portal 是为其信息提供的个性化和便携访问的单一入口点。Portal 已经超越了静态页面，当用户链接到组织所收集的关于其某些信息时，Portal 需要该用户提供一个标记用于验证该用户身份的合法性；同时 Portal 还可以对这些信息进行相应的裁剪来适应某个用户的需要；另外，Portal 也超越了静态信息的传递，能够提供访问组织所开放的服务；Portal 还允许用户增加属于自己个性化的链接，可以说个性化功能将使 Portal 对用户更具吸引力，许多组织努力使得用户选择他们的 Portal 作为用户主页。

个人用户登录门户后，可以使用系统菜单的各种系统功能，还可以制作自己的数据查询和分析，以及交互式图表。并且可以使相关人员及时地共享自己的工作成果。同时也可登录到集成服务中管理和配置系统。

门户采用 SOA 架构，提供多种服务接口，方便与其他应用整合，一次登录就可以使用除集成服务外的不同的系统功能。

6.4.2 Flex

Adobe Flex 是为满足希望开发 RIA 的企业级程序员的需求而推出的表示服务器和应用程序框架，它可以运行于 J2EE 和 . NET 平台。Flex 弥补了许多传统 Web 应用缺乏的元素，减少了与服务器之间通信的次数，更为详细的展示数据的细节。最适用的应用程序包括：解决多步处理、客户端验证、控制可视数据，使桌面应用和 Web 应用结合在一起，表现出更强大的表现力。Flex 在解决用户体验困难的同时，也带来了新的特点，包括高效性、易用性、灵活性、全面性。

Flex 为程序员提供了一种方法，可以开发出将桌面软件的强交互性和丰富内容与 Web 的广度结合在一起的应用程序；程序员可以使用他们偏好的编程方法、开发流程。

6.4.3 Web 服务

Web 服务是为了让地理上分布在不同区域的计算机和设备一起工作，以便为用户提供各种各样的服务。用户可以控制要获取信息的内容、时间、方式，而不必像现在这样在无数个信息孤岛中浏览，去寻找自己所需要的信息。利用 Web 服务，公司和个人能够迅速且廉价地通过互联网向全球用户提供服务，建立全球范围的联系，在广泛的范围内寻找可能的合作伙伴。随着 Web 服务技术的发展和运用，我们目前所进行的开发和使用应用程序的信息处理活动将过渡到开发和使用 Web 服务。将来，Web 服务将取代应用程序成为 Web 上的基本开发和应用实体。

Web 服务是采用标准的、规范的 XML 描述操作的接口，这种服务描述被称为 Web 服务描述。Web 服务描述囊括了与服务交互需要的全部细节，包括消息格式、传输协议和位置。Web 服务接口隐藏了实现服务的细节，允许独立于软硬件平台的服务调用 Web 服务。Web 服务是独立的、模块化的应用，能够通过 Internet 来描述、发布、定位以及调用。从而实现面向组件和跨平台、跨语言的松耦合应用集成。Web 服务是分布式环境中实现复杂的聚集或商业交易的最佳体系结构。

Web 服务具有以下特点。

（1）良好的封装性：Web 服务是一种部署在 Web 上的对象，具备对象的良好封装性，对于使用者而言，他看到的仅仅是该服务的描述。

（2）松散耦合：当 Web 服务的实现发生变更时，只要 Web 服务的调用接口不变，调用者是不会感到这种变更，Web 服务的任何变更对调用他们的接口来说都是透明的。XML/SOAP 是 Internet 环境下 Web 服务一种比较适合的消息交换协议。

（3）协议规范：Web 服务使用标准的描述语言来描述（比如 WSDL）

服务；其次，通过服务注册机制，由标准描述语言描述的服务界面是可以被发现的；同时，标准描述语言不仅用于服务界面，也用于 Web 服务的聚合、跨 Web 服务的事务、工作流等。其次，Web 服务的安全标准也已形成；最后，Web 服务是可管理的。

（4）高度可集成能力：由于 Web 服务采取简单的、易理解的标准 Web 协议作为组件界面描述和协同描述规范，完全屏蔽了不同软件平台的差异，无论是 CORBA、DCOM 还是 EJB 都可以通过这一种标准的协议进行互操作，实现了在当前环境下最高的可集成性。

6.4.4 模板设计

海洋经济运行监测与评估系统中使用的各种海洋经济数据制度报表会定期更新，为适应这一需求，系统提供了报表模板编辑器，通过可视化的网格界面可设置报表模板中的任意显示项和输入项内容，输入项可与各类经济指标相关联，输入单元格中可设置数据验证功能，即当输入数据不符合报表内的数据关系时，报表模板可即时显示输入的数据项的错误。当报表制度更新时，无需更新代码，只需要通过报表模板编辑器修改更新的模板即可。

6.4.5 组件化设计方法

1）Java 的组件技术——JavaBean

JavaBean 是可复用的平台独立的软件组件，开发者可以在软件构造器工具中对其直接进行可视化操作。软件构造器工具可以是 Web 页面构造器、可视化应用程序构造器、CUI 设计构造器或服务器应用程序构造器。有时，构造器工具也可以是一个包含子一些 bean 的复合文档的文档编辑器。JavaBean 可以是简单的 CUI 要素，如按钮或滚动条；也可以是复杂的可视化软件组件，如数据库视图，有些 JavaBean 是没有 GUI 表现形式的，但这些 JavaBean 仍然可以使用应用程序构造器可视化地进行组合。

JavaBean 的任务就是："Write once，run anywhere，reuse everywhere"，即"一次性编写，任何地方执行，任何地方重用"。这个任何实际上就是要解决困扰软件工业的日益增加的复杂性，提供一个简单的、紧凑的和优秀的问题解决方案。

一个开发良好的软件组件应该是一次性地编写，而不需要再重新编写代码以增强或完善功能。因此，JavaBean 应该提供一个实际的方法来增强现有代码的利用率，而不再需要在原有代码上重新进行编程。除了在节约开发资源方面的意义外，一次性地编写 JavaBean 组件也可以在版本控制方面起到非常好的作用。开发者可以不断地对组件进行改进，而不必从头开始编写代码。这样就可以在原有基础上不断提高组件功能，而不会犯相同的错误。

JavaBean 组件在任意地方运行是指组件可以在任何环境和平台上使用，这可以满足各种交互式平台的需求。由于 JavaBean 是基于 Java 的，所以它可以很容易地得到交互式平台的支持。JavaBean 组件在任意地方执行不仅是指组件可以在不同的操作平台上运行，还包括在分布式网络环境中运行。

JavaBean 组件在任意地方的重用说的是它能够在包括应用程序、其他组件、文档、Web 站点和应用程序构造器工具的多种方案中再利用。这也许是 JavaBean 组件的最为重要的任务了，因为它正是 JavaBean 组件区别于 Java 程序的特点之一。Java 程序的任务就是 JavaBean 组件所具有的前两个任务，而这第 3 个任务却是 JavaBean 组件独有的。

2）面向服务的体系架构（SOA）和业务组件（BC）

组件化、模块化是软件开发中一个很重要的概念，基于面向服务体系架构（Service Oriented Architecture，SOA）下，提到组件（Component）的有很多概念，比如分布式组件 DCOM、J2EE、CORBA 等，业务组件模型（Component Business Model，CBM），SOA 中的服务组件架构（Service Component Architecture，SCA）等。业务组件（Business Component，BC）定义为一个可以独立运行的系统或者模块，业务组件的目的是以方便业务组件独立升级和减少不必要的组件之间的交互为基本原则，通过一定程度的分离，实现 SOA 和 DW 中提到的重用（Software Reuse）。

如果业务组件是共用的，是其他业务组件需要重用的，称之为公共业务组件（简称公共组件），所有的公共组件组成企业架构中技术架构的公共服务平台，比如主数据管理、系统管理、统一认证管理、通用报表等，这些都是公共组件。

组件业务建模（Component Business Modeling，CBM）是 SOA 构建的

一个方法论，通过将组织活动重新分组到数量可管理的离散、模块化和可重用的业务组件中，从而确定改进和创新机会，把业务从领导、控制和执行三个方面进行模块化分析，从而有效地实现业务的有组织地提供服务的能力。CBM 的价值是提供一个可以推广的框架，用来创造顺应组织战略的可以运营的指导方向，同时 CBM 也用来按照业务和资源的优先级别和相互关联的程度来构建和顺应战略的发展方向，其中包括建立一个沟通的机制来理解整个业务发展的方向。通过 CBM 建立了 SOA 的规划的方向，为实施 SOA 奠定基础。

业务组件以 Web 服务的方式提供接口，通过企业服务总线连接，业务组件内部为了实现高可复用性和高效性，采用基于 OSGi 标准进行构建模块，实现内部模块之间的松耦合，即在业务组件内部基于 OSGi 标准进行模块化设计，将业务组件进一步分解为松耦合的模块（Bundle），使得业务组件本身更加灵活。

基于 OSGi 标准，业务组件内部的模块通过一个具有动态加载类功能的微内核连接，统一管理各个模块，为了便于管理，将不同模块之间的类接口采用服务注册的方式进行管理，具有类动态加载功能的微内核和类接口管理组成类总线（JCB）的基本功能，为了更好地实现重用，有些模块是共用的，比如数据访问模块、日志管理模块等。

在一个应用中，不同业务组件公用的功能，作为应用内部的公共组件，一个应用中部署一个公共组件即可，各个业务组件共用。在一个业务组件中，公共模块，相当于工具类，公共模块需要在每个业务组件中部署。公共服务平台作为企业级的公共服务对外提供企业级的 Web 服务，比如主数据管理等。

6.4.6 J2EE 技术体系

J2EE 技术的基础是 JAVA 语言，JAVA 语言的与平台无关性，保证了基于 J2EE 平台开发的应用系统和支撑环境可以跨平台运行。

基于 J2EE 技术的应用服务器（Application Server）主要是用来支持开发基于 Web 的三层体系结构应用的支撑平台，这一类的产品包括 IBM Websphere，BEA Web Logic，SilverStream Sxtend 和 JBOSS 等。

江苏省海洋经济运行监测与评估系统设计方案采用的核心产品就是完

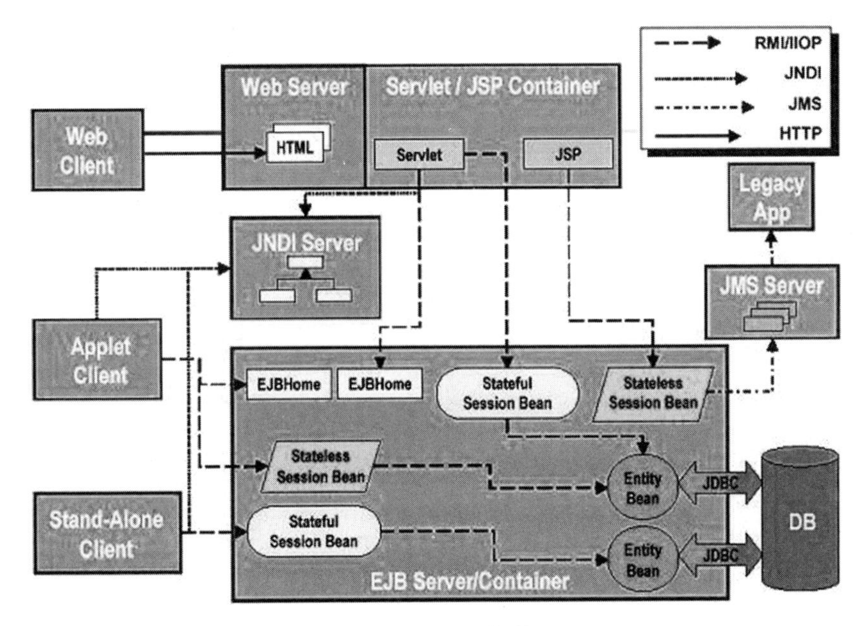

图 6-7　J2EE 架构

全基于 J2EE 的技术路线和技术架构，完全实现了系统的开放性要求。

6.4.7　SOA 架构设计

面向服务的体系架构（Service Oriented Architecture，以下简称“SOA”）作为近年来 IT 业界的焦点，已经逐渐成为影响中国 IT 系统构建的主导思想。

SOA 是一种方法学，用于指导分布式系统构建的方法学。它倡导一种理念——不同技术不同平台开发出来的系统组件能够快速地、自由地组合起来，以满足用户的需要，而这些组件彼此之间又是独立的，每个组件能在不依赖于其他组件的条件下完成一定的功能。

基于这种理念，SOA 系统具有以下特点：跨平台——各种技术及平台下开发出来的组件能被其他技术及平台识别和理解；松耦合——各个组件间不存在相互依赖关系，彼此独立、共存；模块化——能够在原有系统的基础上按需添加或删除组件，构建出新的系统；以业务流程为核心——围绕用户的业务流程构建 IT 系统，帮助用户快速响应复杂多变的业务需求，这是 SOA 成功实施的关键。

SOA 标准体系是实现 SOA 应用系统所涉及的国际标准、业界主流技术标准、行业标准的有机整体，涵盖业务分析、建模、设计、开发、组装、部署、测试、管理（治理）等各个环节。SOA 标准体系基于中国的行业应用需求及标准化现状，以现有国际标准组织（W3C、OASIS、WS-I、OMG、IETF 等）所发布的相关技术标准为核心，从基础、架构、应用三个层次提供了支撑 SOA 系统实现的参考标准集，为基于 SOA 的测试、评估及质量保证提供依据。

SOA 标准体系如图 6-8 所示。

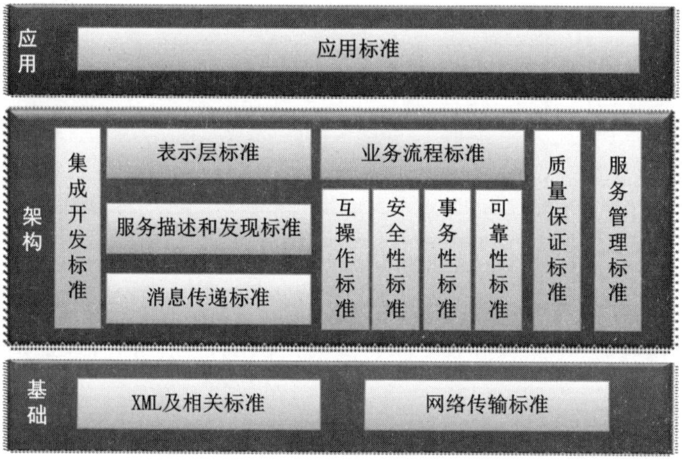

图 6-8　SOA 标准体系

SOA 的标准体系分为三个层次：第一个层次为基础层，包含 XML 格式相关标准以及网络传输协议。基础层标准出现于 20 世纪 90 年代，在万维网快速发展中得到广泛应用和完善，是 SOA 所有技术标准的构建基础。第二个层次为架构层，是 SOA 标准架构的核心，包含支撑 SOA 系统构建的主要技术标准，涉及基于 SOA 的设计、开发、组装、测试、部署、治理等各个环节。第三个层次为应用层，包含特定行业或特定类型应用的规则和要求。应用层标准规范基于 SOA 技术标准所进行的行业应用系统实施全过程。上述三个层次标准相互关联和约束、共为整体，全面支撑 SOA 系统建设。

6.4.8　B/S 三层应用体系结构

随着用户业务需求的增长和 Internet/Intranet 的普及，基于 B/S（Browser/Server）方式的三层体系结构已经逐渐替代了基于 C/S（Client/Server）方式的二层体系结构。

所谓三层体系结构，是在客户端与数据库之间加入了一个中间层。三层体系不是指物理上的三层，不是简单地放置三台机器就是三层体系，三层是指逻辑上的三层，即使这三个层放置到一台机器上。三层体系结构的应用程序将业务规则、数据访问、合法性校验等工作放到了中间层进行处理。通常情况下，客户端不直接与数据库进行交互，而是通过与中间层通讯建立连接，再经由中间层与数据库进行交互。

在基于 B/S 的三层体系结构中，表示层、中间层、数据层被分割成三个相对独立的单元。

表示层（Browser）位于客户端，一般没有应用程序，借助于 Javaapplet，Actives，Javascript，vbscript 等技术可以处理一些简单的客户端处理逻辑。它负责由 Web 浏览器向网络上的 Web 服务器（即中间层）发出服务请求，把接受传来的运行结果显示在 Web 浏览器上。

中间层（WebServer）是用户服务和数据服务的逻辑桥梁。它负责接受远程或本地的用户请求，对用户身份和数据库存取权限进行验证，运用服务器脚本，借助于中间件把请求发送到数据库服务器（即数据层），把数据库服务器返回的数据经过逻辑处理并转换成 HTML 及各种脚本传回客户端。

数据层（DBServer）位于最底层，它负责管理数据库，接受 Web 服务器对数据库操纵的请求，实现对数据库查询、修改、更新等功能及相关服务，并把结果数据提交给 Web 服务器。

在三层结构中，数据计算与业务处理集中在中间层，只有中间层实现正式的进程和逻辑规则。

基于 B/S 的三层体系结构示意图如图 6-9 所示。

B/S 三层结构相比 C/S 二层结构具有以下的独特优点。

（1）B/S 三层结构的三个部分模块各自相对独立，其中一部分模块的改变不影响其他模块，系统改进变得非常容易。因为合法性校验、业务规

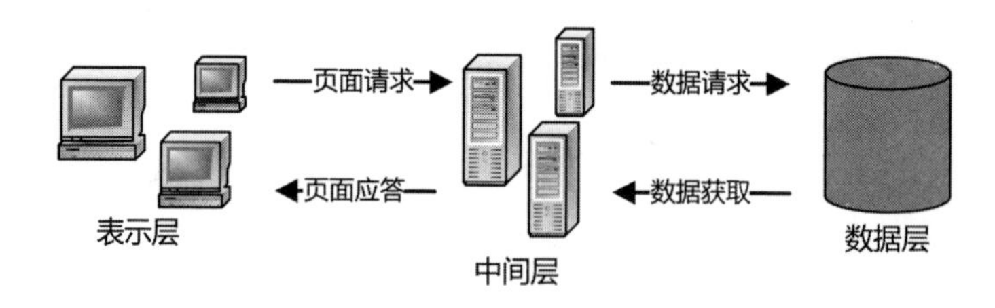

图 6-9 B/S 的三层体系结构

则、逻辑处理等都放置于中间层，当业务发生变化时，只需更改中间层的某个组件，而客户端应用程序不需做任何处理，有的甚至不必修改中间层组件，只需要修改数据库中的某个存储过程就可以了，减少了程序设计的复杂性，缩短了系统开发的周期。

（2）B/S 三层结构的数据访问是通过中间层进行的，客户端不再与数据库直接建立数据连接，这样建立在数据库服务器上的连接数量将大大减少，因此客户端数量将不再受到限制。同时，中间层与数据库服务器之间的数据连接通过连接池进行连接数量的控制，动态分配与释放数据连接，因此数据连接的数量将远远小于客户端数量。

（3）B/S 三层结构将一些事务处理部分都转移到中间层中，客户端不再负责数据库的存取和复杂数据的计算等任务，只负责显示部分，使客户端一下子苗条起来，变为瘦客户机，充分发挥了服务器的强大作用。

（4）B/S 三层结构的用户界面都统一在浏览器上，浏览器易于操作、界面友好，不需再学习使用其他的软件，方便了用户的使用。

6.4.9 XML 数据交换标准

基于 XML 的新一代互联网网管已经成为当今网络管理发展的新趋势，越来越多的设备、服务及平台都宣称支持 XML 技术。

XML（eXtensible Markup Language，可扩展置标语言）是由 W3C（World Wide Web Consortium，互联网联合组织）于 1998 年 2 月发布的一种标准，它是一种数据交换格式，允许在不同的系统或应用程序之间交换数据，通过一种网络化的处理机构来遍历数据，每个网络节点存储或处理数据并且将结果传输给相邻的节点。它是一组用于设计数据格式和结构的规则和方法，易于生成便于不同的计算机和应用程序读取的数据文件。

XML 是一种使用标记来标记内容以传输信息的简单方法。标记用于界定内容，而XML的语法允许我们自行定义任意复杂度的结构。这使得XML具有以下特性：

（1）通过使用可扩充标记集提供文档内容的更准确说明；

（2）可用标准化语法来验证文档内容；

（3）使用户与应用程序之间文件交换更容易；

（4）支持高级搜索；

（5）将文档结构与内容分开，易于用不同形式表现相同内容；

（6）XML改进用户响应、网络负载和服务器负载；

（7）XML支持Unicode。

XML还有其他许多优点，比如它有利于不同系统之间的信息交流，完全可以充当网际语言，并有希望成为数据和文档交换的标准机制。

由于XML具有以上诸多特性，使得它的实际应用范围十分广泛。采用基于XML的网络管理技术采用XML语言对需交换的数据进行编码，为网络管理中复杂数据的传输提供了一个极佳的机制。XML文档的分层结构可以对网络管理应用中的管理者-代理模式提供良好的映射，通过XSLT（Extensible Stylesheet Language Transformations）样式表可以对XML数据进行各种格式的重构和转换，加上XML已经被广泛应用于其他领域，各种免费和商业的XML开发工具发展异常迅速，因此使用XML来定义管理信息模式和处理管理信息十分便利。

XML能成为网络管理中值得研究和使用的工具，必须具备一些其他网络管理技术所不能提供的特性，主要表现在如下几个方面。

1）复杂数据处理优势

XML是一种结构化数据，它简单的编码规则使得可以使用ASCII文本和类似HTML的标记来描述数据的任何层次，通过DTD或XML Schema来定义元素的顺序和结构，DTD和XML Schema提供了一种发布数据改变的正规机制。使用XML对比工具来比较新、旧两个XML Schema文件，就能得到数据的哪些特征、选项或是输出标记发生了变化的详细情况。

2）使底层数据更具可读性和标准性

目前网络中传输的底层数据通常根据网络协议的不同，而采用的编码规则不同，虽然最后在传输的时候都转化为二进制位流，但是不同的应用协议需要提供不同的转换机制，在协议所能理解的数据与二进制数据之间进行转换。这种情况导致网络管理站在对采用不同协议发送管理信息的被管对象之间进行管理时很难实现兼容性。但是如果这些协议在数据表示时都采用XML格式进行描述（XML的自定义标记功能使这一需求成为可能），这样网络之间传递的都是简单的字符流，可以通过相同的XML解析器进行解析，然后根据XML的标记不同，对数据的不同部分进行区分处理，使底层数据更具可读性和标准性。

3）使用XML模板构建被管网元模型，可最大限度地增强网络管理软件的灵活性和可扩展性

（1）通过XML模板构建被管网元模型，可以满足网元对象建模的以下要求：

（2）用最少的对象模型来描述最多种类的网元对象；

（3）尽量避免特殊化，模糊各厂家产品自身的可管特性；

（4）对象的层次结构无论复杂还是简单，都可以用相同的数据结构来表示；

（5）通过该模型能方便地得到网络管理的五大功能模块所需的管理数据；

（6）有足够的扩展空间，使得出现新的被管网元对象时，该模型同样也能适应。

4）增强了基于Web的网络管理方式

XML在Web应用上的优势，同样体现在基于Web的网络管理方式中。

将XML应用于网络管理是网络管理领域的必然发展趋势，因此本文所讨论的SNMP管理者和转换代理系统，在这方面做了大胆的尝试，主要在以下几个方面运用了XML技术：

（1）可解析采用XML来描述管理对象的MIB文件。

（2）从GUI/API中接收到的输入数据一律采用统一的XML接口，使系统可以十分方便地采用不同模式实现用户数据与系统的交换。

（3）数据在系统内部的处理以XML数据流为主，一方面通过成熟的XML解析器，可以减少数据处理的复杂度；另一方面，因为只在最后要向传统SNMP Agent发送BER编码时，才进行格式转换，所以如果Agent支持XML格式报文管理，去掉转换层就可以达到XML管理的目标。

（4）转换代理中需代理的设备模板，通过XML描述导入系统，因设

备的多样性，很难预计需要导入的参数形式和个数，采用 XML 文件描述模板，既可以非常灵活地设置参数，又可以在基本不改变代理核心模块的前提下，增加对不同种类设备的 SNMP 转换。

（5）通过 XML 配置文件对系统进行初始化配置。

6.4.10 身份认证与管理授权

所谓身份认证，就是判断一个用户是否为合法用户的处理过程。最常用的简单身份认证方式是系统通过核对用户输入的用户名和口令，看其是否与系统中存储的该用户的用户名和口令一致，来判断用户身份是否正确。复杂一些的身份认证方式采用一些较复杂的加密算法与协议，需要用户出示更多的信息（如私钥）来证明自己的身份。

身份认证一般与授权控制是相互联系的，授权控制是指一旦用户的身份通过认证以后，确定哪些资源该用户可以访问、可以进行何种方式的访问操作等问题。在本项目中，我们将建立统一用户管理平台，实现对用户的统一身份认证，实现在门户网站和业务系统的统一登录和全网漫游。

统一认证应实现以下具体功能：

（1）统一认证支持多种身份认证方式，能满足门户上大多数业务的安全保护等级的需求；

（2）面向各个业务系统提供统一的认证服务，实现政务信息门户和业务系统间的单点登录，并能对所提供的认证服务进行有效的管理，防止非授权使用；

（3）统一认证应能够防止因大用户量访问可能造成的系统崩溃，它具有良好的响应性能，保证认证服务功能的可用性、可靠性。

授权管理系统应采用基于角色的访问控制策略，能够对用户和角色进行灵活授权。在定义角色时，可以采用职称、职务、部门等多种形式，灵活反映各种业务模式的管理需求。

授权管理系统应采用逐级授权方式，提供基于 Web 方式的权限管理界面，方面对用户进行相应的授权以及权限的管理工作。

权限认证主要是通过用户身份在权限数据库中查找该用户对应的权限信息。用户只有通过了权限认证，才能访问期望的资源，否则拒绝用户访问。

授权管理系统提供权限查询接口，可根据需要为江苏省海洋经济运行监测与评估系统提供用户权限的查询功能，利于电子政务系统的扩展，方便与其他应用系统的耦合。

授权管理系统作为江苏省海洋经济运行监测与评估系统安全保障体系中的一个重要组成部分，与具体的业务应用有着密不可分的联系。

如果用户通过权限认证，则允许用户进入系统，访问权限许可内的资源；否则，拒绝用户访问。

第7章　海洋经济评估模型

在海洋经济分析中，正确合理的分析模型和算法处于至关重要的地位。需要根据海洋经济分析的对象和分析目标，科学的选择各类分析算法来组合使用，从而全面深刻认识海洋经济发展规律及数量特征。同时作为特定业务数据统计分析系统，海洋经济分析模型和算法在本系统中也占据核心地位，作为海洋经济数据统计分析的基础方法，指导江苏省海洋经济运行监测与评估系统的各类指标评估计算。

本章结合江苏省海洋经济运行监测与评估系统建设过程中使用到的相关海洋经济分析模型和算法进行展开介绍，包含海洋经济总量分析、海洋产业分析、区域海洋经济分析、海洋经济增长分析和海洋经济监测预警分析5大类、15小类分析算法。

7.1　海洋经济总量分析

7.1.1　海洋经济总量变动分析

海洋经济总量的核心指标是海洋生产总值，而海洋经济增长速度是反映海洋经济总量在不同时期的发展变化程度、反映海洋经济是否具有活力的基本指标。海洋经济增长速度也称海洋经济增长率，其大小代表海洋经济增长的快慢，代表海洋经济水平提高所需时间的长短，是政府部门和学者都非常关注的指标。

1）发展速度和增长速度

发展速度是以某指标报告期数值除以该指标基期数值。它表示发展变化相对程度，即报告期是基期的百分之几或若干倍。常用百分数或倍数表示。发展速度的计算公式为：

$$\text{发展速度} = \frac{\text{报告期数值}}{\text{基期数值}} \tag{7-1}$$

增长速度是某指标报告期增长量与基期数值的比值，它表明该指标的报告期比基期增长了百分之几或若干倍。增长速度的计算公式为：

$$增长速度 = \frac{报告期增长量}{基期数值} \tag{7-2}$$

2）定基增长速度、同比增长速度和环比增长速度

定基增长速度是报告期水平相对于某一固定时期水平（通常是最初水平）的增长量与固定时期水平之比，其计算公式为：

$$\begin{aligned}定基增长速度 &= \frac{报告期水平相对于最初水平的增长量}{最初发展水平} \times 100\% \\ &= 定基发展速度 - 1\end{aligned} \tag{7-3}$$

同比增长速度是年距增长量与去年同期发展水平之比，其计算公式为：

$$同比增长速度 = \frac{年距增长量}{去年同期发展水平} \times 100\% = 同比发展速度 - 1 \tag{7-4}$$

环比增长速度是报告期增长量与前一期水平之比，其计算公式为：

$$环比增长速度 = \frac{本期增长量}{前一期水平} \times 100\% = 环比发展速度 - 1 \tag{7-5}$$

3）年度增长速度和年均增长速度

年度增长速度衡量的是两年之间数值的变化，其计算公式为：

$$\begin{aligned}年度增长速度 &= \frac{报告期水平 - 基期水平}{基期水平} \times 100\% \\ &= 年度发展速度 - 1\end{aligned} \tag{7-6}$$

年均经济增长速度是某个指标的基期数值增加到报告期数值的年均增长速度，如果基期指标值为 a_o，报告期指标值为 a_n，那么年均增长速度的计算公式为：

$$年均增长速度 = \sqrt[n]{\frac{a_n}{a_o}} - 1 \tag{7-7}$$

这里需要注意的是，年均增长速度不等于每年增长速度的简单算术平均。

报告期相对于基期的定基发展速度 $\frac{a_n}{a_o}$ 可以通过报告期与基期间逐年的

环比发展速度来换算，计算公式为：

$$\frac{a_n}{a_o}=\frac{a_1}{a_0}\times\frac{a_2}{a_1}\times\cdots\times\frac{a_{n-1}}{a_{n-2}}\times\frac{a_n}{a_{n-1}} \tag{7-8}$$

7.1.2　海洋经济总量构成分析

1）海洋经济的产业构成分析

（1）海洋产业与相关产业构成分析

$$\text{主要海洋产业占比}=\frac{\text{主要海洋产业增加值}}{\text{海洋生产总值}} \tag{7-9}$$

$$\text{海洋科研教育管理服务业占比}=\frac{\text{海洋科研教育管理服务业增加值}}{\text{海洋生产总值}} \tag{7-10}$$

（2）主要海洋产业构成分析

$$\text{各主要海洋产业占比}=\frac{\text{各主要海洋产业增加值}}{\text{海洋生产总值}} \tag{7-11}$$

其中各主要海洋产业为：海洋渔业增加值、海洋油气业、海洋矿业、海洋盐业、海洋船舶工业、海洋化工业、海洋生物医药业、海洋工程建筑业、海洋电力业、海水利用业、海洋交通运输业、滨海旅游业。

（3）海洋三次产业构成分析

$$\text{海洋第一产业占比}=\frac{\text{海洋第一产业增加值}}{\text{海洋生产总值}} \tag{7-12}$$

$$\text{海洋第二产业占比}=\frac{\text{海洋第二产业增加值}}{\text{海洋生产总值}} \tag{7-13}$$

$$\text{海洋第三产业占比}=\frac{\text{海洋第三产业增加值}}{\text{海洋生产总值}} \tag{7-14}$$

2）海洋经济地区构成分析

$$\text{市级海洋生产总值占比}=\frac{\text{市级海洋生产总值}}{\text{省级海洋生产总值}} \tag{7-15}$$

7.1.3 海洋经济对国民经济贡献分析

1）直接贡献测度方法

通常采用增加值和就业等指标来衡量海洋经济对国民经济的直接贡献。主要从总量贡献、增量贡献和增长率贡献3个方面来测度。

（1）基于增加值指标的直接贡献测度方法

采用增加值指标衡量海洋经济对国民经济的直接贡献，计算公式为：

$$海洋生产总值比重 = \frac{海洋生产总值}{国内生产总值} \tag{7-16}$$

$$海洋经济直接贡献率 = \frac{海洋生产总值增量}{国内生产总值增量} \tag{7-17}$$

$$海洋经济对国民经济的拉动 = 国内生产总值增长率 \times 海洋经济直接贡献率 \tag{7-18}$$

海洋生产总值比重通常是指以现价计算的海洋生产总值占国内生产总值的比重，该指标可以较好的度量海洋经济对国民经济规模的直接贡献；海洋经济直接贡献率通常是指以不变价计算的海洋生产总值增量与国内生产总值增量的比值，反映了在国内生产总值增加的部分中海洋生产总值所占的比重；海洋经济对国民经济的拉动是指国内生产总值的增长速度与海洋经济直接贡献率的乘积，反映了国内生产总值增长率中海洋生产总值贡献的大小。如果分析对象是沿海地区，则用沿海地区生产总值来替代国内生产总值。

（2）基于就业指标的直接贡献测度方法

采用就业指标衡量海洋经济对国民经济的直接贡献，计算公式为：

$$涉海就业比重 = \frac{涉海就业人数}{就业人数} \tag{7-19}$$

$$涉海就业直接贡献率 = \frac{涉海就业增量}{就业增量} \tag{7-20}$$

$$涉海就业对全国就业的拉动 = 全国就业增速 \times 涉海就业直接贡献率 \tag{7-21}$$

涉海就业比重反映了就业总人数中有多少人是从事涉海行业工作的；涉海就业直接贡献率反映了在就业总人数增加的部分中涉海就业人数所占的比重；涉海就业对全国就业的拉动表示就业人数的增长率中涉海就业人

数的贡献大小。

2）间接贡献测度方法

间接贡献主要测度海洋经济对国民经济影响的“波及效应”。通常运用投入产出法，研究海洋产业对国民经济的直接关联效应、感应度、影响力、生产诱发效应和最终依赖度等。

7.1.4 海洋经济总量预测分析

预测方法从技术上分为定性方法和定量方法两种。定性预测主要是依靠业内专家，根据经验对事物未来发展的趋势和状态做出判断和预测的一种方法。定量预测则是运用统计方法和数学模型，通过对历史数据的统计分析，用量化指标对系统未来发展趋势进行预测。目前，常用的定量预测方法有：回归预测法、时间序列预测法、灰色预测法、人工神经网络预测法和组合预测法等。

1）回归预测方法

回归预测是根据历史数据的变化规律，寻找自变量与因变量之间的回归方程式，确定模型参数，并据此作出预测。在经济预测中，人们把预测对象（经济指标）作为被解释变量（或因变量），把那些与预测对象密切相关的影响因素作为解释变量（或自变量）。根据两者历史和现在的统计资料，建立回归模型，经过经济理论、数理统计和经济计量三级检验后，利用回归模型对被解释变量进行预测。回归分析法一般适用于中期预测。

回归预测的数学描述是：设因变量为 Y，自变量为 X（X_1，X_2，…，X_m），则回归预测的目的就是利用已有的观测数据，建立 Y 与 X 之间的统计模型，即确定成 $Y=f(X)$ 中的参数。所用方法有最小二乘法（使拟合误差平方和最小）和最大似然估计法等，其中最小二乘法运用最为广泛。

常见的一元回归模型形式如下：

$$\text{线性模型：} Y = a + bx \tag{7-22}$$

$$\text{指数函数模型：} Y = ae^{bx} + c \tag{7-23}$$

$$\text{幂函数模型：} Y = b_0 + b_1X + b_2X^2 + \cdots \tag{7-24}$$

$$\text{生长函数模型：} Y = \frac{a}{1 + be^{cX}} \tag{7-25}$$

$$\text{单对数函数模型：} Y = a + b\log(X) \tag{7-26}$$

双对数函数模型：$\log(Y) = a + b\log(X)$ (7 - 27)

常见的多元线性回归模型形式如下：

$$Y = b_0 + b_1X_1 + b_2 + X_2 + \cdots b_mX_m \quad (7-28)$$

回归预测法要求样本量大且样本有较好的分布规律。当预测的长度大于原始数据的长度时，采用该方法进行预测在理论上不能保证预测结果的精度。另外，可能出现量化结果与定性分析结果不符的现象，有时难以找到合适的回归方程类型。

使用回归预测方法时，需要进行下述检验：

（1）判别系数（可决系数）检验：反映拟合优度的度量指标。通常情况下，如果建立回归方程的目的是进行预测，判别系数一般不应低于90%。

（2）F检验：判断建立的回归方程是否具有显著性。当F统计量的P值小于显著性水平α时，表示拒绝原假设，即变量之间线性关系显著。

（3）t检验：判断回归方程参数是否显著。当t统计量的P值小于显著性水平α时，表示拒绝原假设，即该解释变量对被解释变量影响显著。

（4）序列自相关检验：常用的检验有D. W. 检验及L. M. 检验，通常时间序列数据需要进行序列自相关检验。实践中，如果D. W. 值在2附近，表示不存在序列相关；如果D. W. 值小于2（最小为0），表示存在正序列相关；如果D. W. 值在2~4之间，表示存在负序列相关。需要注意的是D. W. 检验只适用于一阶自相关性检验；而且如果回归方程的右边存在滞后因变量，D. W. 检验不再有效。在L. M. 检验中，当L. M. 统计量的P值小于显著水平α时，拒绝原假设，即随机误差项存在序列相关性，需要进行修正处理。L. M. 检验可以用于高阶自相关的检验，且在方程中存在滞后因变量的情况下，L. M. 检验依然有效。

（5）White检验，用于判断模型是否存在异方差，通常截面数据需要进行异方差检验。当White检验统计量的P值小于显著水平α时，表示随机误差项存在异方差，需要进行修正处理。

2）时间序列预测法

时间序列预测是通过建立数据随时间变化的模型，外推到未来进行预测。时间序列预测的有效前提是过去的发展模式会延续到未来，其主要优点是数据容易获得，易被决策者理解，且计算相对简单。但该方法只对中短期预测效果较好，而不适用于长期预测。

采用时间序列模型时，需假定数据的变化模式可以根据历史数据识别出来；同时，决策者所采取的行动对时间序列的影响较小。因此这种方法主要用来对一些环境因素，或不受决策者控制的因素进行预测，如宏观经济情况、就业水平、产品需求量等；而对于受人的行为影响较大的事物进行预测则并不合适，如股票价格、改变产品价格后的产品需求量等。

时间序列分析方法中最简单的是平滑法，基本公式如下：

简单滑动平均法：

$$F_t = (x_{t-1} + x_{t-2} + x_{t-3} + \cdots + x_{t-n})/n \tag{7-29}$$

其中 F_t 为 t 时刻的预测值，x_t 为 t 时刻的观察值；

单指数平滑法：

$$F_t = \alpha x_t + (1-\alpha)F_{t-1} \tag{7-30}$$

其中 α 为预测值的平滑系数；

线性指数平滑法：

$$T_t = \beta(S_t - S_{t-1}) + (1-\beta)T_{t-1} \tag{7-31}$$

$$S_t = \alpha x_t + (1-\alpha)(S_{t-1} + T_{t-1}) \tag{7-32}$$

$$F_{t+m} = S_t + mT_t \tag{7-33}$$

其中 S_t 为预测值的平滑值，T_t 为趋势值的平滑值，β 为趋势值的平滑系数；

季节性指数平滑法：

$$S_t = \alpha \frac{x_t}{I_{t-L}} + (1-\alpha)(S_{t-1} + T_{t-1}) \tag{7-34}$$

$$T_t = \beta(S_t - S_{t-1}) + (1-\beta)T_{t-1} \tag{7-35}$$

$$I_t = \gamma \frac{x_t}{S_t} + (1-\gamma)I_{t-L} \tag{7-36}$$

$$F_{t+m} = (S_t + mT_t)I_{t-L+m} \tag{7-37}$$

其中 S_t 为消除了季节因素影响的平滑值，I_t 为季节因素平滑值，γ 为季节因素平滑系数，L 为季节的长度；

阻尼趋势指数平滑法：

$$S_t = \alpha x_t + (1-\alpha)(S_{t-1} + \phi T_{t-1}) \tag{7-38}$$

$$T_t = \beta(S_t - S_{t-1}) + (1-\beta)\phi T_{t-1} \tag{7-39}$$

$$F_{t+m} = S_t + \sum_{i=1}^{m} \phi^i T_t \quad (7-40)$$

使用平滑法时，需要在计算过程中注意以下问题：

（1）平滑初值的确定

$$\text{对于单指数平滑法：} F_1 = x_1 \quad (7-41)$$

$$\text{对于线性指数平滑法：} F_1 = x_1,\ T_1 = x_2 - x_1,\ e_1 = 0 \quad (7-42)$$

$$\text{对于季节性指数平滑法：} S_1 = x'_1,\ T_1 = x'_2 - x'_1 \quad (7-43)$$

其中 x' 为 x 中消除了季节因素后的值；

另一类方法是采用最小二乘法，列出方程后求出最优初值。

（2）平滑系数的选择

在上述公式中遇到的平滑系数 α，β，γ，φ，主要通过搜索法，比较不同数值下的 MSE 或 MAD，使用最小误差所对应的系数值。

（3）方法有效性的判定

判断方法是否适用于实际问题的预测，关键在于误差 $e_t =（x_t - F_t）$ 的分布，如果误差的均值为 0，方差为常数，则该方法是适当的，否则就要寻求其他方法。

上述方法比较简单，分别适用于不同的情况；但在使用时常常受到一些限制，且方法的理论基础不甚坚实。自回归积分滑动平均法能适应任何情况，且理论上清晰严格，应用广泛。主要有三种模型可以用来描述各种形态的时间序列，分别是自回归 AR、滑动平均 MA 和自回归滑动平均 ARMA。模型满足的方程如下：

$$AR(p)\text{ 模型：} x_t = c + \varnothing_1 x_{t-1} + \varnothing_2 x_{t-2} + \cdots + \varnothing_p x_{t-p} + \varepsilon_t \quad (7-44)$$

$$MA(q)\text{ 模型：} x_t = x + \varepsilon_t + \theta_1 \varepsilon_{t-1} + \theta_2 \varepsilon_{t-2} + \cdots + \theta_q \varepsilon_{t-q} \quad (7-45)$$

$ARMA(p,\ q)$ 模型：

$$x_t = c + \varnothing_1 x_{t-1} + \varnothing_2 x_{t-2} + \cdots + \varnothing_p x_{t-p} + \varepsilon_t + \theta_1 \varepsilon_{t-1} + \theta_2 \varepsilon_{t-2} + \cdots + \theta_q \varepsilon_{t-q} \quad (7-46)$$

$ARMA$（p，q）模型的建模过程如下：

（1）对序列进行平稳性检验，如果序列不满足平稳性条件，可以通过差分变换（单整阶数为 d，则进行 d 阶差分）或其他变换（如对数差分变换），使序列满足平稳性条件；

（2）通过计算能够描述序列特征的统计量（如自相关系数和偏自相关系数），来确定 $ARMA$（p，q）模型的阶数 p 和 q，并在初始估计中选择尽可能少的参数；

(3) 估计模型的未知参数，并检验参数的显著性，以及模型本身的合理性；

(4) 进行诊断分析，以证实所得模型确实与观察到的数据特征相符。

3) 组合预测方法

由于资料来源和数据质量的局限，用来预测的数据常常是不稳定、不确定和不完全的。不同的时间范围常常需要不同的预测方法，形式上难以统一。且由于不同的预测方法在复杂性、数据要求以及准确度上均不同，因此选择一个合适的预测方法通常是很困难的。

在实际预测工作中，建立预测模型受到两方面的限制：一是不可能将所有在未来起作用的因素全部包含在模型中；另一个是很难确定众多参数之间的精确关系。从信息利用的角度来说，任何一种单一预测方法都只利用了部分有用信息，同时也抛弃了其他有用的信息。为了充分发挥各预测模型的优势，在实践中，往往采用多种预测方法，然后将不同预测模型按一定方式进行综合，即为组合预测方法。根据组合定理，各种预测方法通过组合可以尽可能利用全部的信息，尽可能地提高预测精度，达到改善预测性能的目的。

组合预测有两种方法，一是将几种预测方法所得的结果，选取适当的权重进行加权平均，其关键是确定各个单项预测方法的加权系数。二是在几种预测方法中进行比较，选择拟合度最佳或标准离差最小的预测模型作为最优模型进行预测。组合预测通常在单个预测模型不能使用。

7.2　海洋产业分析

7.2.1　产业结构分析

1) 产业结构变化幅度指标

(1) 产业结构变动度

产业结构变动度指与初始时期相比，各产业产出比重的综合变动程度。其计算公式为：

$$K_j = \sum_{i=1}^{n} | Q_{ij} - Q_{i0} | \qquad (7-47)$$

式中：K_j 为 j 时期相对于初始时期产业结构变化值，Q_{ij}为 j 时期第 i 产业产出在整个国民经济中所占比重，Q_{i0}为初始时期第 i 产业产出在国民经济中所占比重，n 为产业个数。K_j 越大，表明 j 时期相对于初始时期产业结构的变动幅度越大；反之，越小。

（2）产业结构熵数

产业结构熵数指将产业结构比的变化视为产业结构的干扰因素，来综合反映产业结构变化程度大小的指标。其计算公式为：

$$e_t = \sum_{i=1}^{n} W_{i,t} \ln(1/W_{i,t}) \tag{7-48}$$

式中：e_t 为 t 时期产业结构熵数，$W_{i,t}$为 t 时期第 i 产业所占的比重，n 为产业部门个数。e^t 越大，说明产业结构愈趋向于多元化；e_t 值越小，说明产业结构愈趋向于专业化。

（3）Moore 结构变化值

Moore 结构变化值指运用空间向量测定法，将国民经济看作是由 n 个部门构成的一组 n 维向量，把不同时期两组向量的夹角，作为表征产业结构变化程度的指标。其计算公式为：

$$\theta = \arccos = \frac{\sum_{i=1}^{n} W_{i,t1} W_{i,t2}}{\left(\sum_{i=1}^{n} W_{i,t1}^2\right)^{\frac{1}{2}} \times \left(\sum_{i=1}^{n} W_{i,t2}^2\right)^{\frac{1}{2}}} \tag{7-49}$$

式中：θ 为 Moore 结构变化值，表示不同时期产业结构的相对变动程度，且有 $0° \leqslant \theta \leqslant 90°$；$W_{i,t1}$为 t_1 时期第 i 产业所占的比重，$W_{i,t2}$为 t_2 时期第 i 产业所占的比重。如果将整个国民经济划分为 n 个产业，那么这 n 个产业就构成空间的一组 n 维向量。若在 t_1 时期和 t_2 时期，某产业在国民经济中的份额发生变化，则国民经济 n 维向量从 t_1 时期变动到 t_2 时期的过程中就会形成一个夹角，用这个夹角的大小来反映国民经济产业结构在这期间的变动程度。θ 值越大，表示不同时期两个 n 维向量的夹角越大，说明产业结构变动程度越大。

2）产业结构变动趋势指标

（1）经济弹性系数

产业经济弹性系数是指产业的相对变化量与国民经济的相对变化量之比。它可以反映出产业的发展和萎缩过程，其计算公式为：

$$\eta = \left(\frac{\theta_{i,\ t+2}}{\theta_{i,\ t}}\right) \Big/ \left(\frac{\sum \theta_{i,\ t+1}}{\sum \theta_{i,\ t}}\right) \tag{7 - 50}$$

式中：η 为产业经济弹性系数，$\theta_{i,t}$为 i 产业 t 年的产值，$\sum \theta_{i,t}$为所有产业在 t 年的产值。$\eta>1$，则 i 产业的增长速度大于国民经济的增长速度，说明该产业处于增长阶段；$\eta=1$，则 i 产业的增长速度等于国民经济的增长速度，说明该产业与国民经济处于同步增长阶段；$\eta<1$，则 i 产业的增长速度低于国民经济的增长速度，说明该产业呈萎缩趋势。

（2）产业结构变动的反应弹性

产业结构变动的反应弹性指产业部门增加值的变动受人均国内生产总值变动的影响程度。其计算公式为：

$$E_i = \alpha_i + \frac{\alpha_i - 1}{\gamma} \tag{7 - 51}$$

式中：E_i 为产业 i 的反应弹性，α_i 为产业 i 报告期比重与基期比重之比，γ 为人均国内生产总值增长率。若 $E_i>1$，表明人均国内生产总值增长时，i 产业比重也增加；这时，如果$\frac{a_i-1}{\gamma}>1$，则说明 i 产业比重的增长率大于人均国内生产总值增长率；如果$\frac{a_i-1}{\gamma}=1$，则说明 i 产业比重的增长率等于人均国内生产总值增长率；如果$\frac{a_i-1}{\gamma}<1$，则说明 i 产业比重的增长率小于人均国内生产总值增长率。若 $E_i=1$ 表明人均国内生产总值增长时，i 产业比重没有变化。若 $E_i<1$，表明人均国内生产总值增长时，i 产业比重下降；这时，如果$\frac{a_i-1}{\gamma}<-1$，则说明 i 产业比重的下降率大于人均国内生产总值增长率；如果$\frac{a_i-1}{\gamma}=-1$，则说明 i 产业比重的下降率等于人均国内生产总值增长率；如果$-1<\frac{a_i-1}{\gamma}<0$，则说明 i 产业比重的下降率小于人均国内生产总值增长率。

（3）比较劳动生产率

比较劳动生产率指某一产业的劳动生产率与全社会劳动生产率之比，

或者说某一产业的总产值比重与劳动力比重之比。其计算公式为：

$$h_i = \frac{X_i/L_i}{\sum X_i/\sum L_i} = \frac{X_i/\sum X_i}{L_i/\sum L_i} \tag{7-52}$$

式中：h_i 为比较劳动生产率，X_i 为第 i 产业的增加值，L_i 为第 i 产业的劳动力人数。

（4）生产率上升率

生产率上升率反映某产业不同时期生产率情况的指标，它用来说明某产业生产率提高的速度。其计算公式为：

$$k_i = \frac{V_{it}}{V_{io}} \tag{7-53}$$

式中：k_i 为第 i 产业的生产率上升率，V_{it}为 t 报告期第 i 产业的生产率，V_{io} 为基期第 i 产业的生产率。此处的生产率指综合生产率，包括劳动生产率、资金生产率、能源生产率等生产要素生产率的加权平均。

通常状况下，生产率上升较快的产业，技术进步速度较快，其生产成本下降也较快，在竞争中处于优势，从而带动整个产业结构向更高生产率的水平发展。

3）海洋产业结构合理化分析

（1）比例协调分析法

将各个产业的规模相互比较，如果在标准范围之内就是合理的，否则，就是不合理的。这种判断标准通常采用最常用的产业结构合理化衡量标准，其优点是简单易行，缺点在于丢失了太多的信息，只考虑规模，过于单一和绝对。

（2）国际标准比较法

与产业结构高度化测度方法中的标准结构法类似，国际标准比较法根据发达工业国家的经验，对不同发展时期（通常以人均 GDP 作为阶段划分标准）设定不同的产业构成比例，然后将研究目标的产业结构与相应的国际结构标准进行对比，依据两者的相似程度来判断产业结构是否合理。代表性的标准如钱纳里标准等。

（3）影子价格分析法

与实际市场价格不同，影子价格是用线性规划方法计算出来的反映资源最优使用效果的价格。如果各种产品的边际产出相等，表明资源得到了合理的配置，各种产品的供需平衡，产业部门达到最佳组合。所以，可以计算各产业部门的影子价格与产业总体的影子价格平均值的偏离程度，来衡量产业结构是否合理。偏离越小，说明产业结构越趋于合理。

（4）市场供求判断法

在市场需求结构和产出结构的关系中，市场需求结构占有主动的地位，它引导着产出结构的变动；而产出结构并不能及时和完全地适应市场需求结构，两者之间会存在一定的偏差。这种偏差通常表现为两种形式，一种为总量偏差，另一种为结构偏差。

假定市场的总需求为 D，对第 i 产业的需求为 D_i（$i=1, 2, \cdots, n$）；令某经济系统的总产出为 S，第 i 产业的产出为 S_i（$i=1, 2, \cdots, n$）。由于 $D=\sum D_i$，$S=\sum S_i$，因此可以构建市场产出结构相对于需求结构的适应系数 g，通过 g 来考察该产业结构系统的合理化程度。计算公式为：

$$g=\sum\left(1-\frac{|S_i-D_i|}{\max(S_i, D_i)}\right)/n \tag{7-54}$$

式中，g 的值域为 $[0, 1]$。g 越接近 1，就说明该系统的产出结构越适应市场需求，也表明该产业结构体系越趋于合理。

（5）结构效益分析法

是根据产业结构变动引起国民经济总产出和总利润的变化来衡量产业结构是否合理的方法。如果产业结构变化引起国民经济的总产出相对增长、总利润相对增加，则表明产业结构在朝着合理的方向变动；若产业结构变化引起国民经济的总产出相对下降、总利润相对减少，则说明产业结构在朝着不合理的方向变动。

7.2.2　海洋产业关联分析

1）基于灰色关联模型的海洋产业关联分析

在产业关联的定量分析过程中，当出现数据样本容量较小以及统计口径不一致的情况时，通常使用灰色系统的方法。灰色关联分析的基本思想是根据序列曲线几何形状的相似程度来判断其联系是否紧密，并计算灰色关联度。曲线形状越接近，相应序列之间的关联度就越大，反之就越小。灰色关联分析原理与方法如下：

设系统特征序列：$X'_0=[x'_0(1), x'_0(2), \cdots, x'_0(n)]$；设 m 个

时间序列分别代表 m 个因素，即：$X'_i=(x'_i(1), x'_i(2), \cdots, x'_i(n))$，$(i=1, 2, \cdots, m)$。

称特征序列 X_0^t 为母序列，而称 m 个因素序列为子序列。关联度是子序列和母序列关联性大小的度量，其计算方法和步骤如下。

（1）原始数据变换。各因素的量纲一般不一定相同，而且有时数值的数量级相差悬殊。因此，对原始数据需要消除量纲变换处理，转换为可比较的数据序列，通常采用初始化变换。记初始化后的母序列和子序列分别为：$X_0=[x_0(1), x_0(2), \cdots, x_0(n)]$ 和 $X_i=[x_i(1), x_i(2), \cdots, x_i(n)]$，$(i=1, 2, \cdots, m)$。其中对于 $(i=0, 1, 2, \cdots, m)$，$x_i(k)=\frac{x'_i(k)}{x'_i(1)}$，$(k=1, 2, \cdots, n)$

（2）计算关联系数。$x_0(k)$ 与 $x_i(k)$ 的关联系数为：

$$\gamma[x_0(k), x_i(k)] = \frac{\min_i\min_k|x_D(k)-x_i(k)|+\zeta\mathrm{man}_i\max_k|x_D(k)-x_i(k)|}{|x_0(k)-x_i(k)|+\zeta\max_i\max_k|x_0(k)-x_i(k)|} \tag{7-55}$$

式中：ζ 为分辨系数，ζ 越小，分辨能力越大，通常有 $\zeta\in(0, 1)$，本文分析中取 0.5。

（3）计算关联度。母序列与子序列的关联度以这两个比较序列各个时刻关联系数的平均值计算，即：

$$R(X_0, X_i)=\frac{1}{n}\sum_{i=1}^{n}\gamma[x_0(k), x_1(k)] \tag{7-56}$$

（4）排关联序。将 m 个子序列对同一母序列的关联度按着大小顺序排列起来，便组成关联序，它直接反映各个子序列对于母序列的关联密切程度。

2）基于投入产出模型的海洋产业波及效应分析

产业间技术联系的不同决定了关联程度有高有低，有前向或后向关联度高的，也有前后关联度都高的，通常后向关联度高的产业可以通过自身发展的同时带动相关产业同向发展，而前向关联度高的产业则可以通过自身的发展而为相关产业提供发展条件。利用投入产出表可以构造出产业关联指标。

（1）前向关联指数

前向关联指数反映某产业作为上游产业需要把自身的产品提供给下游产业，从而对下游产业的供给产生推动作用。计算公式为：

$$L_{F(i)} = \frac{\sum_{j=1}^{n} x_{ij}}{x_i},\ (i = 1,\ 2,\ \cdots,\ n) \qquad (7-57)$$

式中，$L_{F(i)}$表示海洋 i 产业的前向关联指数，x_i 为海洋 i 产业的全部产出，x_{ij}为海洋 i 产业对 j 产业提供的中间投入。

（2）后向关联指数

后向关联指数反映某产业作为下游产业需要消耗上游产业的产品，从而对上游产业的需求产生拉动作用。计算公式为：

$$L_{B(j)} = (\sum_{i=1}^{n} x_{ij})/x_j,\ (j = 1,\ 2,\ \cdots,\ n), \qquad (7-58)$$

式中，$L_{B(j)}$表示海洋 j 产业的后向关联指数，x_j 为海洋 j 业的全部产出，x_{ij}为海洋 j 产业消耗 i 产业的中间产品。

基于直接消耗系数矩阵计算的前向关联指数和后向关联指数，称为前向直接关联指数和后向直接关联指数。前向直接关联指数反映各个产业每生产一单位产值对某产业产品的直接需求量（即某产业对各个产业的直接供给量）；后向直接关联指数反映某产业每生产一单位产值直接消耗的各个产业的产品总量。基于列昂惕夫逆矩阵计算的前向关联指数和后向关联指数，称为前向总关联指数和后向总关联指数。前向总关联指数反映各个产业每生产一单位最终需求对某产业产品的完全需要量（即某产业对各个产业的完全供给量）；后向总关联指数反映某产业每生产一单位最终需求对各个产业产品的完全需要量。本文主要基于前向直接关联指数和后向直接关联指数进行分析。

根据前后向关联指数的高低，可以判断产业部门在产业链中的位置。通常，前向关联指数高的产业主要生产继续投入生产环节的中间产品，前向关联指数低的产业主要生产退出或暂时退出生产环节而用于最终消费、资本积累或出口的最终产品；而后向关联指数高的产业生产加工度高的制造品，后向关联指数低的产业生产加工度低的初级品。因此，前后向关联指数都高的产业为中间制造品产业，通常位于产业链的中间；前向关联指数低而后向关联指数高的产业为最终制造品产业，通常靠近产业链的末端；前向关联指数高而后向关联指数低的产业为中间初级产品产业，通常靠近产业链的始端，前后向关联指数都低产业为最终初级品产业。

（3）感应度系数

感应度系数是反映当国民经济各部门均增加一个单位最终使用时，某一部门由此而受到的需求感应程度，也就是需要该部门为其他部门的生产而提供的产出量，是根据产业前向关联机制建立的。A_{ij}令为列昂惕夫逆矩阵中$(I-A)^{-1}$的第i行第j列的系数，则第i产业部门受其他产业部门影响的感应度系数S_i的计算公式为：

$$S_i = \frac{\sum_{j=1}^{n} A_{ij}}{\frac{1}{n}\sum_{i=1}^{n}\sum_{j=1}^{n} A_{ij}},\ (i=1,2,\cdots,n) \qquad (7-59)$$

其中，$\sum_{j=1}^{n} A_{ij}$为列昂惕夫逆矩阵的第i行之和；$\frac{1}{n}\sum_{i=1}^{n}\sum_{j=1}^{n} A_{ij}$为列昂惕夫逆矩阵的行和的平均值。

感应度系数S_i越大，表示第i部门前向关联性较强，需求部门较多，受其他部门的感应程度较高。即当$S_i>1$时，表示第i部门的生产受到的感应程度高于社会平均感应度水平（即各部门所受到的感应程度的平均值）；当$S_i=1$时，表示第i部门的生产所受到的感应程度与社会平均感应度水平相当；当$S_i<1$时，表示第i部门的生产所受到的感应程度低于社会平均感应度水平。

（4）影响力系数

影响力系数是反映某一经济部门增加一个单位最终使用时，对国民经济各部门所产生的生产需求波及程度，是根据产业后向关联机制建立的。第j产业部门对其他产业部门的影响力系数T_j的计算公式为：

$$T_j = \frac{\sum_{i=1}^{n} A_{ij}}{\frac{1}{n}\sum_{i=1}^{n}\sum_{j=1}^{n} A_{ij}},\ (j=1,2,\cdots,n) \qquad (7-60)$$

其中，$\sum_{i=1}^{n} A_{ij}$为列昂惕夫逆矩阵的第j列之和；$\frac{1}{n}\sum_{i=1}^{n}\sum_{j=1}^{n} A_{ij}$为列昂惕夫逆矩阵的列和的平均值。

影响力系数T_j越大，表示第j部门后向关联性较强，投入部门较多，对其他部门的拉动作用越大。即当 $T_j>1$ 时，表示第 j 部门的生产对其他部门所产生的波及影响程度超过社会平均影响水平（即各部门所产生波及影响的平均值）；当 $T_j=1$ 时，表示第 j 部门的生产对其他部门所产生的波及影响程度与社会平均影响水平相当；当 $T_j<1$ 时，表示第 j 部门的生产对其他部门所产生的波及影响程度低于社会平均影响水平。

一般在工业化过程中，重工业都表现为感应度系数较高，而轻工业大都表现为影响力系数较高。有些产业的影响力系数和感应度系数都大于 1，表明这些产业在经济发展中一般处于战略地位，是对经济增长速度最敏感的产业。

（5）产业波及效果系数

根据影响力系数和感应度系数，可以计算出该产业的波及效果系数，其计算公式为：

$$J=\frac{(S+T)}{2} \tag{7-61}$$

产业波及效果系数 J 实际上就是产业的感应度系数和影响力系数的算术平均值，J 越大，表明该产业与其他产业的关联性越强，其发展越能带动整个经济的发展。

（6）生产诱发系数

生产诱发系数是用于测算各产业部门每增加一单位的最终需求项目（如消费、投资、出口等）对生产的诱导作用程度。某产业的生产诱发系数是指该产业的各种最终需求项目的生产诱发额除以相应的最终需求项目的合计所得的商。令 Z_{iL} 为第 i 产业部门对最终需求 L 项目的生产诱发额，$\sum_{i=1}^{n} Y_{iL}$ 为各产业对最终需求 L 项目的总和，则第 i 产业部门对最终需求 L 项目的生产诱发系数 W_{iL} 的计算公式如下：

$$W_{iL}=\frac{Z_{iL}}{\sum_{j=1}^{n} Y_{iL}},\ (i=1,\ 2,\ \cdots,\ n;\ L=1,\ 2,\ \cdots,\ m) \tag{7-62}$$

其中，$Z_{iL}=\sum_{j=1}^{n} A_{ij}\cdot Y_{jL}$，$(i=1,\ 2,\ \cdots,\ n;\ L=1,\ 2,\ \cdots,\ m)$，$A_{ij}$ 为列昂惕夫逆矩阵 $(I-A)^{-1}$ 中的第 i 行第 j 列的系数，Y_{iL} 为基本流量表中第 j 产业对 L 项目的最终需求，m 为最终需求项目 L 的个数，通常为 3，即消费、投资、出口。第 i 产业部门对最终需求项目 L 的生产诱发额 Z_{iL}，实际上就是列昂惕夫逆矩阵中第 i 行的数值与最终需求 L 列的数值的乘积。据此，可将各产业部门分为消费拉动型产业、投资拉动型产业和出口拉动型产业等。

（7）生产最终依赖度

最终依赖度是指某产业的生产对各最终需求项目（消费、投资、出口等）的依赖程度。这里既包括该产业生产对某最终需求项目的直接依赖，也包括间接依赖。将该产业各最终需求项目的生产诱发额除以该产业各最终需求项目的生产诱发额之和所得的商，便是该产业对各最终需求项目的依赖度，即依赖系数。令 Z_{iL} 为 i 产业部门最终需求项目 L 的生产诱发额，则第 i 产业部门生产对最终需求项目 L 的依赖度 Q_{iL} 的计算公式如下：

$$Q_{iL} = \frac{Z_{iL}}{\sum_{L=1}^{m} Z_{iL}}, \quad (i = 1, 2, \cdots, n; L = 1, 2, \cdots, m) \qquad (7-63)$$

通过计算每一个产业的生产对各最终需求项目的依赖度，可将各产业部门分为消费依赖型产业、投资依赖型产业和出口依赖型产业等。

（8）综合就业系数

某产业的综合就业系数是指该产业为进行一单位的生产，在本产业部门和其他产业部门直接和间接需要的就业人数。显然，不同产业的综合就业系数是不一样的。其计算公式为：

$$综合就业系数 = 就业系数 \times 逆阵中的相应系数 \qquad (7-64)$$

式中，就业系数为某产业每单位产值所需的就业人数。

（9）综合资本系数

某产业的综合资本系数是指该产业为进行一单位的生产，在本产业部门和其他产业部门直接和间接需要的资本。其计算公式为：

$$综合资本系数 = 资本系数 \times 逆阵中的相应系数 \qquad (7-65)$$

式中，资本系数为某产业每个单位产值所需的资本。

从各产业的资本系数看，一般来说电力、运输、邮电通信、煤气供应等公共性产业和基础性产业的投资的资本系数都较大；在制造业中资本系数较高的产业多半是水泥、钢铁、化工、造纸等“装置型产业”。与综合就业系数的情况类似，一般在各个产业综合资本系数同资本系数的比较中可发现，其差距也是缩小的。

7.2.3 海洋产业布局分析

产业布局的评价是建立在一定的评价指标基础上，通过对一系列产业评价指标的测算，得到各产业的组合指数，从而根据不同产业指数的排序来合理构建产业布局。产业布局评价指标与方法主要包括区位熵、集中系数、地理联系系数、集中指数和成本-利益分析方法等。

1）区位熵

在进行产业布局时，首先应根据各地区的比较优势，确定能够发挥区域优势、具有地区分工作用、能够为区外服务的专门化产业。一般情况下，如果一个地区在它具有比较优势的产业方面形成了专业化部门而且具有较高的专业化水平，则说明这个地区的产业布局发挥了当地的比较优势。

区位熵是区域产业比重与全国该产业比重之比，它是从产业比重的角度反映产业专业化程度的指标。区位熵 LQ_{ij}的计算公式为：

$$LQ_{ij} = \frac{e_{ij}/e_{nj}}{E_{in}/E_{nn}} \tag{7 - 66}$$

式中：e_{ij}表示第 j 经济区 i 产业经济水平（如产值、就业等），e_{nj}为第 j 经济区所有产业的总体经济水平，E_{in}为全国 i 产业的经济水平，E_{nn}为全国总体经济水平。

如果 $LQ_{ij}>1$，说明 j 部门是 i 经济区的专业化产业。LQ_{ij}值越大，则该产业的专门化程度越高，如果 LQ_{ij}值在 2 以上，说明该产业具有较强的区域外向性。

区位熵是个相对指标，不能完全反映各产业的地位，进行区位熵分析时必须妥善处理好产业部门划分问题与经济水平衡量指标问题等。

2）集中系数

集中系数是区域产业的人均产值（或产量）与全国相应产业的人均产值（或产量）之比，它是从人均产值的角度反映产业专业化程度的指标。集中系数 CC_{ij}的计算公式为：

$$CC_{ij} = \frac{e_{ij}/P_j}{E_{in}/P_n} \tag{7 - 67}$$

式中：e_{ij}表示第 j 经济区 i 产业经济水平（如产值、就业等），P_j 为第 j 经济区的人口，E_{in}为全国 i 产业的经济水平，P_n 为全国总人口。

3）地理联系系数

地理联系系数反映两个产业在地理分布上的联系情况。地理联系系数

GA 的计算公式为：

$$GA = 100 - \frac{1}{2}\sum_{i=1}^{n} |S_i - H_i| \tag{7-68}$$

式中：S_i 为 i 地区某一产业占全国的百分比，H_i 为 i 地区另一产业占全国的百分比。地理联系系数 *GA* 的取值范围为 $0<GA<100$，如果两个产业在地理上的分布比较一致，联系比较密切，则该系数值就较大。

4）集中指数

集中指数说明某种经济活动在空间上的集中程度。集中指数的计算公式为：

$$I_c = 100 - \frac{H_i}{P_n} \times 100 \tag{7-69}$$

式中：P_n 为全国总人口，H_i 为某经济活动半径所在地域的人口数。集中指数 I_c 的取值范围为 $50<I_c<100$。I_c 越大，说明经济活动越集中。

7.2.4 海洋产业集聚分析

集聚效应的测量是产业集群经济效应量化分析的内容，测度产业集聚效应的指标和方法主要包括行业集中度、区位基尼系数、赫芬达尔-赫希曼指数和地点系数等。

1）行业集中度

行业集中度是衡量某一市场竞争程度的重要指标。行业集中度是指某一产业规模最大的 n 位企业的有关指标（如生产额、销售额、职工人数、资产总额等）占整个市场或行业的份额，其计算公式为：

$$CR_n = \sum_{i=1}^{n} X_i / \sum_{i=1}^{N} X_i \tag{7-70}$$

式中：X_i 代表 X 产业中第 i 位企业的生产额、销售额或职工人数等，N 代表 X 产业的全部企业数，CR_n 代表 X 产业中规模最大的前 n 位企业的市场集中度。该方法的优点在于能够形象地反映产业市场集中水平，测定产业内主要企业在市场上的垄断与竞争程度，计算时只需将前几位企业市场占有率累加即可。局限性体现在：一是行业集中度同时受到企业总数和企业市场分布两个因素影响，而指标仅考虑前几家企业的信息，未能综合全面考虑这两个因素的变化；二是行业集中度指标因选取主要企业数目不同而反映的集中水平不同，使得该指标的数值存在不确定性，从而影响了横向对比。

2）赫芬达尔-赫希曼指数（H 指数）

H 指数最初应用于行业组织理论，主要针对微观企业，通过计算市场集中度来对某一行业的垄断情况进行考察。此后学者们对此进行了拓展，使用该指数衡量行业的地理集中情况，行业 i 的赫芬达尔-赫希曼指数 H_i 的计算公式为：

$$H_i = \sum_{j=1}^{N}(X_j/X)^2,\ (j = 1,\ 2,\ 3,\ \cdots,\ n) \qquad (7-71)$$

式中：N 为地区个数，X_j 为某地区 j 行业的经济活动水平，X 为全国范围内该行业的经济活动水平。设企业平均规模大小为 $\overline{X} = \frac{1}{N}\sum_{j=1}^{N}X_j$，则标准差 $\sigma = \sqrt{\frac{1}{N}\sum_{j=1}^{N}\ (X_j/\overline{X})^2}$，企业的规模变异系数为 $c = \frac{\sigma}{\overline{x}}$，称为企业规模大小变化系数，存在 $c^2 = \frac{1}{N}\sum_{j=1}^{N}\frac{x_j^2}{\overline{X}^2} - 1$，故 H 指数又可修正为：$H_i = \frac{c^2+1}{N}$。

H 指数的取值范围在［0，1］之间，H 指数越大，产业集聚度越高。如果某行业的经济活动全部集中于某一个地区，则 H 指数取最大值 1；如果某行业经济活动的空间分布非常均匀，则该指数会较小，随着地区个数 N 的增大，H 指数趋向于 0。通常情况下，$H_i<0.10$ 表示 i 产业为竞争型产业；$0.10 \leqslant H_i \leqslant 0.18$ 表示 i 产业为低寡占型产业；$0.18 \leqslant H_i$ 表示产业为高寡占型产业。

H 指数弥补了行业集中度指标的不足，考虑了企业的总数和规模两个因素的影响，因而能准确反映产业或企业市场集中程度。无论产业内发生任何销量传递，H 指数都可以反映出来；但是 H 指数也会夸大大企业对集中水平的作用，而低估小企业的作用。

3）空间基尼系数

空间基尼系数是衡量产业空间分布均衡性的指标。两类对应变量值的累计百分比构成一个边长为 1 的正方形，一类百分比是 i 区域 j 产业占该区域生产总值的一个份额，另一类百分比是 j 产业占国内生产总值的份额。相应的两个累计百分比之间的关系构成产业空间洛伦兹曲线。正方形对角线表示 j 产业在各区域之间均衡分配，即 j 产业在该区域的份额与该产业在全国的份额完全一致。令：

$$I_s = \frac{q_{ij}}{\sum_{j=1}^{n} q_{ij}},\ P_s = \frac{\sum_{i=1}^{n} q_{ij}}{\sum_i \sum_j q_{ij}} \tag{7-72}$$

式中：q_{ij}表示 i 区域 j 产业的产值（或就业人数），$\sum_{j=1}^{n} q_{ij}$是 i 区域的生产产值（或区域总就业人数），$\sum_{i=1}^{n} q_{ij}$是 j 产业的国内生产总值（或 j 产业的全国就业人数）；$\sum_i \sum_j q_{ij}$是国内生产总值（或全国总就业人数）。空间基尼系数是根据 P_s 为横轴，I_s 为纵轴建立的洛伦兹曲线计算的，记洛伦兹曲线与正方形对角线围成的面积为 S_A，下三角形的余下部分面积为 S_B，则空间基尼系数 G 的计算公式为：

$$G = \frac{S_A}{S_A + S_B},\ (0 \leqslant G \leqslant 1) \tag{7-73}$$

但是由于洛伦兹曲线难以拟合，S_A 的计算非常繁琐，实际运用中，最为广泛的公式为：

$$G = \sum (x_i - s_i)^2 \tag{7-74}$$

式中：x_i 为 i 区域产值（或就业人数）占国内生产总值（或全国总就业人数）的比重，s_i 为该区域某个产业的产值（或就业人数）占全国该产业总产值（或总就业人数）的比重。

空间基尼系数在 0~1 之间变化，空间基尼系数越大，产业集聚度越高。空间基尼系数越接近于零，说明产业的空间分布与整个经济的空间分布越一致，产业相当平均地分布在各地区；反之，越接近于 1，说明产业 i 的空间分布与整个经济的分布越不一致，产业可能集中分布在一个或几个地区，而在大部分地区分布很少，从而说明产业的集聚程度很高。

4）产业地理集中指数（E-G 指数）

艾利森和格莱赛（Ellison & Glaeser）考虑了企业规模及区域差异带来的影响，提出了新的集聚指数来测定产业的地理集中程度。假设某一经济体（国家或地区）的某一产业内有 N 个企业，且将该经济体划分为 M 个地理区，这 N 个企业分布于 M 个区域之中，则产业地理集中指数计算公式为：

$$\gamma = \frac{G - (1 - \sum_i x_i^2)H}{(1 - \sum_i x_i^2)(1 - H)} = \frac{\sum_{i=1}^{M}(x_i - s_i)^2 - (1 - \sum_{i=1}^{M} x_i^2)\sum_{j=1}^{N} Z_j^2}{(1 - \sum_{i=1}^{M} x_i^2)(1 - \sum_{j=1}^{N} Z_j^2)} \tag{7-75}$$

式中：x_i 表示 i 区域全部产值（或就业人数）占经济体产值（或就业总数）的比重，s_i 表示 i 区域某产业产值（或就业人数）占该产业全部产值（或就业人数）的比重。$\sum_{j=1}^{N} Z_j^2$ 是赫芬达尔–赫希曼指数，表示该产业中以产值（或就业人数）为标准计算的企业规模分布。$\gamma<0.02$，表示该产业不存在区域集聚现象；$0.02\leqslant\gamma\leqslant0.05$ 表示该产业在区域分布相对较为均匀；$\gamma>0.05$ 表示该产业在区域分布的集聚程度较高。

5）熵指数

熵指数是借用物理学中度量系统有序程度的熵而提出来的。其计算公式为：

$$E = \sum_{j=1}^{N}\left[\ln\left(\frac{1}{S_j}\right)\right]\cdot S_j \qquad (7-76)$$

式中：S_j 表示 j 区域某产业产值（或就业人数）占该产业全部产值（或就业人数）的比重。熵指数实质上是对每个企业的市场份额 S_j 赋予一个 $\ln\left(\frac{1}{S_j}\right)$ 的权重，与 H 指数相反，对大企业给予的权重较小，对小企业给予的权重较大。熵指数越大，产业集聚水平越低。

在市场垄断情况下，$E=0$；但在众多同等大小企业竞争情况下，E 不是等于 1，而是等于 $\ln n$。鉴于熵指数的这种缺陷，Marfels 在此基础上做了改进，采用的反对数的倒数（即 e^{-E}）来度量产业集聚水平，称之为规范熵。计算公式为：

$$e^{-E} = \prod_{j=1}^{N} S_j^{S_j} \qquad (7-77)$$

产业集聚水平提高时，e^{-E} 增大，如果相互竞争的企业规模均相等，则 e^{-E} 等于 $1/N$。当 $N\to\infty$，即市场完全竞争时，e^{-E} 等于 0；在市场完全垄断的情况下，e^{-E} 等于 1。

7.3　区域海洋经济分析

7.3.1　区域海洋经济发展水平分析

1）区域海洋经济发展水平衡量指标体系

测度区域海洋经济发展水平规模的指标包括绝对规模指标和相对规模

指标，两者往往存在很大的差异。绝对规模指标反映了一个区域的整体经济实力，是表现区域海洋经济发展水平的最基本的统计指标，其表现形式是绝对数，绝对规模的核心指标是区域海洋生产总值（GOP）；相对规模指标则反映了一个区域的个体平均水平，其表现形式是相对数，相对规模的核心指标是区域人均 GOP。测度海洋经济发展速度的核心指标是区域 GOP 年增长率。为避免单一指标的局限性，通常设计综合指标，用一组或多组指标复合成的一个指数，来量度区域经济发展水平。衡量区域海洋经济发展水平的指标见表 7-1。

表 7-1　区域海洋经济发展水平指标

<table>
<tr><th></th><th>指标类别</th><th>指标项</th></tr>
<tr><td rowspan="23">区域海洋经济发展水平指标</td><td rowspan="11">绝对规模指标</td><td>海洋生产总值（GOP）</td></tr>
<tr><td>海水养殖面积</td></tr>
<tr><td>海洋油气产量</td></tr>
<tr><td>海洋生物医药产品产量</td></tr>
<tr><td>海洋修造船完工量</td></tr>
<tr><td>海洋货物运输量和周转量</td></tr>
<tr><td>港口客货吞吐量</td></tr>
<tr><td>海洋固定资产总投资</td></tr>
<tr><td>涉海就业人数</td></tr>
<tr><td>海洋科研从业人员</td></tr>
<tr><td>……</td></tr>
<tr><td rowspan="8">相对规模指标</td><td>区域人均 GOP</td></tr>
<tr><td>海洋产业增加值占区域 GOP 的比重</td></tr>
<tr><td>海洋养殖与捕捞产量之比</td></tr>
<tr><td>海洋货物周转增长率</td></tr>
<tr><td>GOP 增长对区域海洋产业增长弹性系数</td></tr>
<tr><td>海洋产业结构高级化指数</td></tr>
<tr><td>海洋产业结构变化值指数</td></tr>
<tr><td>……</td></tr>
<tr><td rowspan="4">增长速度</td><td>区域 GOP 年增长率</td></tr>
<tr><td>区域海洋产业年增长率</td></tr>
<tr><td>区域海洋三次产业年增长率</td></tr>
<tr><td>……</td></tr>
</table>

2）区域海洋经济发展优势分析

对区域产业结构的发展现状可采用偏离-份额分析法来识别，常用的比较变量是职工人数、国内生产总值的增长量或增长速度。

偏离-份额分析法是将一个特定区域在某一时期经济变量（如收入、产出或就业等）的变动分为三个分量，即份额分量、结构偏离分量和竞争力偏离分量，以此说明该区域经济发展和衰退的原因，评价区域经济结构优劣和自身竞争力的强弱，找出区域具有相对竞争优势的产业部门，进而确定区域未来经济发展的合理方向和产业结构调整的原则。

假设区域在经历了时间 $[0, t]$ 之后，经济总量和结构均已发生变化。设初始期（基年）区域 i 经济总规模为 $b_{i,0}$（可用总产值或就业人数表示），末期（截至年 t）经济总规模为 $b_{i,t}$；同时，依照一定的规则，把区域经济划分为 n 个产业部门，分别以 $b_{ij,0}$，$b_{ij,t}$，$j=(1, 2, \cdots, n)$ 表示区域 i 第 j 个产业部门在初始期与末期的规模。并以 B_0 和 B_t 表示区域所在大区或全国在相应时期初期与末期经济总规模，以 $B_{j,0}$ 与 $B_{j,t}$ 表示区域所在大区或全国初期与末期第 j 个产业部门的规模。则：

区域 i 第 j 个产业部门在 $[0, t]$ 时间段的变化率：

$$\gamma_{ij} = \frac{b_{ij,t} - b_{ij,0}}{b_{ij,0}} \tag{7-78}$$

所在大区或全国 j 产业部门在 $[0, t]$ 内的变化率为：

$$R_j = \frac{B_{j,t} - B_{j,0}}{B_{j,0}} \tag{7-79}$$

以所在大区或全国各产业部门所占的份额按下式将区域各产业部门规模标准化得到：

$$b'_{ij} = \frac{b_{i,0} \times B_{j,0}}{B_0} \tag{7-80}$$

这样，在 $[0, t]$ 时段内区域 i 第 j 产业部门的增长量 G_{ij} 可以分解为 N_{ij}、P_{ij}、D_{ij} 三个分量，表达为：

$$G_{ij} = b_{ij,t} - b_{ij,0} = N_{ij} + P_{ij} + D_{ij} \tag{7-81}$$

$$N_{ij} = b'_{ij} \times R_j \tag{7-82}$$

$$P_{ij} = (b_{ij,0} - b'_{ij})R_j \tag{7-83}$$

$$D_{ij} = b_{ij,0} \times (r_{ij} - R_j) \tag{7-84}$$

N_{ij}称为全国增长份额，它是指j部门的全国（或所在大区）总量比例分配，区域i的部门规模发生的变化，也就是区域标准化的产业部门如按全国或所在大区的平均增长率发展所发生的变化量。

P_{ij}称为产业结构转移份额（或产业结构效应），它是指区域部门比重与全国（或所在大区）相应部门比重的差异引起的区域i第j部门增长相对于全国或所在大区标准所产生的偏差，它是排除了区域增长速度与全国或所在大区的平均速度差异，假定两者等同，而单独分析部门结构对增长的影响和贡献。所以，此值越大，说明部门结构对经济总量增长的贡献越大。

D_{ij}被称为区域竞争力份额（或区域份额效果），是指区域i第j部门增长速度与全国或所在大区相应部门增长速度的差别引起的偏差，反映区域j部门相对竞争能力，此值愈大，则说明区域j部门竞争力对经济增长的作用愈大。

（1）若结构偏离分量为正值（$P>0$），说明该区域的产业结构优于全国水平，如果为负，则说明该区域的产业结构落后于全国水平；

（2）若竞争力偏离分量为正值（$D>0$），说明该区域产业竞争力大于全国的竞争力，反之，则不如全国的竞争力；

（3）上述两个分量可反映出区域经济增长的外部因素和内部因素、主观因素和客观因素的作用情况，以及区域经济发展中存在的问题。

7.3.2 区域海洋经济协调发展分析

7.3.2.1 静态分析指标

1）绝对差异描述指标

（1）标准差

标准差是反映样本远离总体平均值程度的一项重要指标，标准差越大，样本就越分散，样本间的平均差异也就越大。其计算公式为：

$$S = \sqrt{\frac{\sum_{i=1}^{n}(Y_i - \bar{Y})}{N}} \qquad (7-85)$$

其中，N为区域个数，Y_i为第i个区域的国内生产总值，$\bar{Y}$为所有区域的国内生产总值的平均值。

（2）极差

极差是人均国内生产总值最高区域与最低区域之差。它是反映区域人均国内生产总值变化的最大绝对幅度，属于绝对指标，其计算公式为：

$$R = Y_{max} - Y_{min} \tag{7-86}$$

式中：R 为极差；Y_{max} 和 Y_{min} 分别为经济发展水平最高和最低区域的人均国内生产总值。极差越大，区域绝对差异的极端情况越严重；反之亦然。

（3）平均差

平均差是分布数列中各单位标志值与其平均数之间绝对离差的平均数，它反映了数列中相互差异的标志值的差距水平。其计算公式为：

$$MD = \sum_{i=1}^{N} | Y_i - \bar{Y} | /N,\ (i = 1,\ 2,\ \cdots,\ N) \tag{7-87}$$

平均差越大，则说明数列中标志值变动程度越大；反之亦然。

2）相对差异描述指标

对经济区域差距进行动态比较时，除了以绝对差距反映区域间经济发展水平外，还要考虑到各区域由于基数差异的影响，因此，需要计算相对差距来更客观的反映差异程度的变动趋势。

（1）变异系数（CV）

变异系数又称离差系数，是指总体某单位变量值变异程度的相对数，即绝对差距与其平均指标之比。反映某一指标在不同空间的不同水平数列的标志变异程度，或反映某一指标在同一空间的不同时间指标数的标志变异程度。计算公式为：

$$CV = \frac{S}{\bar{Y}} = [\sum_{i=1}^{N} (Y_i - \bar{Y})^2 /N]^{1/2} / \bar{Y} \tag{7-88}$$

式中：S 为标准值；$\bar{Y} = \frac{\sum_i Y_i}{N}$ 为各区域人均 GDP 的均值；Y_i 为 i 区域的人均 GDP，$i=1,\ 2,\ \cdots,\ N$；N 为区域个数。变异系数越大，区域相对差异越大，区域的不平衡性就越大；反之亦然。

（2）锡尔系数

锡尔（Theil）系数包括两个锡尔分解指标（T 和 L），一般研究中大多采用锡尔 T 指标。

（3）基尼系数

基尼系数是最常用于地区差距的指标之一，其计算公式为：

$$G = \frac{2}{n}\sum_{i=1}^{n} ix_i - \frac{n+1}{n}，其中：x_i = \frac{y_i}{\sum_{i=1}^{y_i} y_i}，(x_1 < x_2 < \cdots < x_n) \tag{7-89}$$

式中，x_i 是按所研究各区域 GDP 占整个地区 GDP 的份额由低到高的顺序排列的；y_i 是各区域的 GDP，n 是地理区域的个数。如果基尼系数为零，表示收入分配完全平等；基尼系数为 1，表示收入分配绝对不平等。这两种情况只是在理论上的绝对形式，在实际生活中一般不会出现。因此，基尼系数的实际数值介于 0~1 之间，基尼系数越大表明地区间居民收入分配越不平等。

3）Moran's I 系数

用 Moran's I 系数测度区域经济联系状态，其计算公式为：

$$I = \frac{n}{\sum_{i=1}^{n}\sum_{j=1}^{n} W_{ji}} \times \frac{\sum_{i=1}^{n}\sum_{j=1}^{n} W_{ij}(x_i - \bar{x})(x_j - \bar{x})}{\sum_{i=1}^{n}(x_i - \bar{x})^2} \tag{7-90}$$

式中：n 为区域数量；变量 x_i，x_j 分别代表某固定年份 i 区域与 j 区域的人均生产总值；$\bar{x}$ 为对应年份的人均生产总值的均值；W_{ij}是 i 区域与 j 区域的空间相邻权重矩阵。以 1 表示 i 区域与 j 区域相邻，以 0 表示 i 区域与 j 区域不相邻。Moran's I 的值介于−1～1 之间。若 Moran's $I>0$，表示 i 区域与 j 区域的经济增长为正相关，区际经济联系紧密；若 Moran's $I<0$，则表示 i 区域与 j 区域的经济增长为负相关，区际经济联系弱。

7.3.2.2 评价指标体系

1）建立区域海洋经济协调发展评价指标体系

区域海洋经济协调发展评价指标体系如表 7-2 所示。

表 7-2　区域海洋经济协调发展评价指标体系

评价方面	评价指标	指标类型
陆域经济环境差异（A_1）	人均 GDP 的变异系数（B_1）	负向
	区位熵变异系数（B_2）	
海洋经济发展差异（A_2）	GOP 变异系数（B_3）	
	海洋经济密度变异系数（B_4）	
	海洋经济增长率变异系数（B_5）	
海洋经济联系状态（A_3）	GOP 的 Moran's I 系数（B_6）	正向
海洋产业结构差异（A_4）	三次产业结构相似系数变异系数（B_7）	
	三次产业结构变动度变异系数（B_8）	
沿海基础设施差异（A_5）	港口货运量变异系数（B_9）	负向
	港口货物周转量变异系数（B_{10}）	
	港口客运量变异系数（B_{11}）	
	港口客运周转量变异系数（B_{12}）	
海洋科技差异（A_6）	海洋科技活动人员数量变异系数（B_{13}）	
	海洋科技课题数变异系数（B_{14}）	
	海洋科技经费收入变异系数（B_{15}）	
海洋资源差异（A_7）	大陆岸线长度变异系数（B_{16}）	
	管辖海域面积变异系数（B_{17}）	
海洋环境质量差异（A_8）	一类海水面积占比变异系数（B_{18}）	
	工业废水排放达标率变异系数（B_{19}）	

2）相关指标说明

对相关指标的定义或计算方法说明如下：

（1）变异系数：需根据原始统计数据计算。

（2）区位熵：指海洋经济的区位熵，用来衡量区域海洋经济的比较优势。

（3）海洋经济密度：指单位海岸线的海洋生产总值，即地区海洋生产总值除以海岸线长度。

（4）Moran's I 系数：值介于$-1\sim1$之间，若其大于 0，则表示为正相关、联系紧密；若其小于 0，则表示为负相关、联系较弱。

（5）三次产业结构相似系数：指各地区三次产业结构与全国平均产业

结构的相似系数。

7.4 海洋经济增长分析

7.4.1 海洋经济增长因素分析

采用索洛余值法，分析海洋经济增长因素对海洋经济增长的影响作用。

1）模型构建

根据索洛余值理论

$$\frac{\dot{Y}}{Y}=\frac{\dot{A}}{A}+\alpha\frac{\dot{K}}{K}+\beta\frac{\dot{L}}{L} \tag{7-91}$$

令 y、k、l 分别为海洋经济增长率、投入资本增长率和劳动增长率，则上式可转化为：$y=a+\alpha k+\beta l$，即：

$$E_{\alpha}\frac{\alpha}{y}=1-\alpha\frac{k}{y}-\beta\frac{l}{y}=1-E_{k}-E_{l} \tag{7-92}$$

其中：E_{α}、E_{k}、E_{l} 分别为科技、资本及劳动对海洋经济增长的贡献率。

进行海洋经济增长因素分析时，首先要对产出和投入指标进行统一规定。选用海洋生产总值作为产出量的衡量指标，选用涉海就业人员数量作为劳动量的衡量指标，选用海洋资本存量作为资本量的衡量指标，由于目前没有海洋经济资本存量的统计数据，故利用沿海地区全社会固定资产投资来推算。

推算海洋资本存量的方法为：海洋资本存量=海洋生产总值×沿海地区资本存量/沿海地区生产总值。其中沿海地区资本存量的估算方法采用永续盘存法，计算公式为：

$$K_{t}=(1-\delta)K_{t-1}+I_{t} \tag{7-93}$$

式中，K_{t} 为 t 时期的资本存量，δ 为折旧率，I_{t} 为 t 时期的投资。

2）弹性系数的确定

用增长速度方程计算科技贡献率时，弹性系数值的确定是测算工作中的重点与难点。目前较常用的方法有分配份额法、经验确定法和回归分析法。受基础数据所限，本文采用经验确定法来确定弹性系数。

根据对 α、β 的深入研究和深入测算，国外学者提出了多种测算结果，认为资本的产出弹性大体在 0.2~0.4 的范围内波动，劳动的产出弹性则在 0.8~0.6 之间。一些学者结合我国经济发展的实际情况，在较长时间系统分析的基础上，确定出我国的资本弹性系数 α 的经验值在 0.3~0.4 之间，劳动产出弹性系数的经验值介于 0.6~0.7 之间。本文取资本产出弹性系数 $\alpha=0.3$，在规模报酬不变的假设下，劳动产出弹性系数 $\beta=1-\alpha=0.7$。

7.4.2　海洋经济增长质量分析

1）基于 DEA 模型的沿海地区海洋经济增长质量评价

利用数据包络分析方法（DEA）建立投入产出模型，对 11 个沿海地区海洋经济增长质量进行评价。

在投入方面，由第一节分析可知，海洋经济的主要投入要素有劳动要素、资本要素、科技要素及环境（资源）要素，因此，本文从资本要素、劳动要素、科技要素、环境要素四方面选取投入指标。

在产出方面，本部分选取海洋生产总值作为产出指标。

表 7-3　海洋经济增长质量投入产出指标

指标类型	指标名称	指标解释
投入指标	资本存量（x_{1j}）	衡量资本要素
	涉海就业人员（x_{2j}）	衡量劳动要素
	科技经费收入（x_{3j}）	衡量科技要素
	未达到清洁标准的海域面积占比（x_{4j}）	衡量环境要素
产出指标	海洋生产总值（y_{1j}）	衡量海洋经济产出总量

2）海洋经济增长质量综合评价

依据前文对海洋经济增长质量要素分析及衡量指标体系解释，在考虑数据可得性基础上，建立海洋经济增长质量综合评价指标体系，通过查阅《中国海洋统计年鉴》及海洋环境质量公报可得各指标值，运用极值标准化方法数据进行标准化处理，得到数据如表 7-4 所示。

表 7-4 海洋经济增长质量综合评价标准化数据

评价方面	评价指标
增长速度及稳定性	海洋生产总值增长率
	海洋经济增长波动率
经济结构	第二产业产值比重
	第三产业产值比重
产出效率	劳动生产率
经济增长协调性	区域海洋经济增长均衡率
环境保护	未达标海域面积占比
科技进步	科技人员课题数
	万名涉海就业人员拥有技术人员数
社会效益	GOP 占 GDP 的比重
	涉海就业增长率

7.4.3 海洋经济可持续发展分析

结合海洋经济可持续发展的内涵特征要求，并参考前人的研究成果，把海洋经济可持续发展评价指标体系分为海洋自然支撑能力、海洋经济发展支撑能力、海洋科技支撑能力、海洋经济管理调控能力和沿海社会发展支撑能力等五个一级评价指标。在每个一级指标中又分别包括不同数量的二级和三级评价指标，如表 7-5 所示。

基于海洋经济可持续发展评价指标体系，海洋经济可持续发展评价按以下步骤开展：

（1）指标筛选、分类及标准化处理；包括指标选取、确定正向或逆向指标、数据收集、数据无量纲化和归一化处理等；

（2）指标计算与赋权，可利用主成分分析、聚类分析、层次分析以及主观赋权法、客观赋权法或组合赋权法等方法；

（3）根据计算结果进行综合分析与评价。

表 7-5　海洋经济可持续发展评价指标体系

	一级指标	二级指标	三级指标
海洋经济可持续发展能力	海洋自然支撑能力	海洋资源支撑能力	海洋资源蕴藏量
			海洋资源已开发利用量
			海洋资源开发潜力
		海洋环境支撑能力	海洋环境容量
			海洋环境质量
			海洋环境保护
		海洋生态系统健康	海洋生物多样性
			海洋典型生态系统稳定性
		沿海地区人口承载能力	最大人口承载能力
			沿海地区人口密度
	海洋经济发展支撑能力	海洋经济发展水平	海洋经济年均增长速度
			海洋生产总值占 GDP 比重
			海洋三次产业构成
			海洋战略性新兴产业所占比重
			海洋科技进步贡献率
		涉海就业人员	涉海就业人员占沿海地区就业人员比重
			涉海就业人员结构
		海陆经济协调发展水平	海陆经济关联协调度
	海洋科技支撑能力	海洋科技投入	海洋科技人员数量及构成
			海洋 R&D 投入比重
			海洋科研项目课题数
		海洋科技产出	海洋科技发明专利数
			海洋科技论文专著出版数
		海洋科技成果转化	海洋科技科技成果转化率
	海洋经济管理调控能力	海洋经济规划	海洋经济规划制定与评估
		海洋经济政策	海洋产业、财政、税收、投融资等政策
		海洋经济管理机制	海洋经济管理人员比重
	沿海社会发展支撑能力	沿海地区人口	沿海地区人口自然生长率
		沿海地区资本投入	沿海地区全社会固定资产投资总额
		沿海地区生活质量	沿海地区城镇化水平
			沿海地区恩格尔系数

7.5 海洋经济监测预警分析

海洋经济景气分析的备选指标是参考宏观经济分析指标，根据各指标的经济含义和投入产出关系而先行确定的。在目前统计数据可得性的基础上，综合考虑海洋经济基础、海洋经济能力、发展水平以及海洋经济发展潜力和动力以及区域经济发展情况等，海洋经济监测备选指标主要包括反映总量、生产、就业、投资、对外经济、环保、指数、结构和区域经济等9类指标，具体指标包含：海洋造船完工量、海洋货物周转量、远洋货物运输量、远洋货物周转量、沿海地区固定资产投资、消费价格指数、沿海地区财政收入、沿海地区存款余额、沿海地区贷款余额、货币供应量M2、海水养殖占海水产品产量的比重、海洋货物运输量、沿海港口货物吞吐量、港口外贸货物吞吐量、港口标准集装箱吞吐量、沿海地区国际旅游人数、沿海国际旅游外汇收入、确权海域使用面积、沿海地区生产总值、沿海地区消费品零售总额、主要海洋产业就业人数、海洋第三产业增加值比重、沿海地区财政支出、海洋造船新接订单量、海洋造船手持订单量等。

7.5.1 景气分析

1）扩散指数的计算

扩散指数的计算步骤是：

（1）首先计算各指标的波动测定值，如环比增长率、滤波得到的循环要素数据，然后消除季节变动和不规则变动影响，从而使各指标序列比较稳定地反映循环波动。

（2）将每个指标各年月波动测定值与其比较基期的发展速度相比，若当月值大，则为扩张，此时 $I=1$；若当月值小，则为收缩，此时 $I=0$；若两者基本相等，则 $I=0.5$。

（3）将这些指标升降应得的数值相加，即得出“扩张的指标数”，即在 t 时刻扩张的变量个数。

（4）以扩张指标数除以全部指标数，乘以100%，即得扩散指数（DI）。

扩散指数的计算公式为：

$$DI(t) = \sum W_i [X_i(t) \geqslant X_i(t-j)] \times 100\% \qquad (7-94)$$

若权数相等，则公式简化为：

$$DI(t) = \sum \frac{I[X_i(t) \geqslant X_i(t-j)]}{N} \times 100\%$$

$$= \frac{\text{在 } t \text{ 时刻扩张的变量个数}}{\text{变量总数}} \times 100\% \qquad (7-95)$$

其中：$DI(t)$ 为 t 时刻的扩散指数；$X_i(t)$ 为第 i 个变量指数在 t 时刻的波动测定值；W_i 为第 i 个变量指标分配的权数；N 为变量指标总数；I 为示性函数（取值为 0 或 1 或 0.5）；j 为两比较指标值的时间差。

2）合成指数的计算

合成指数的计算方法是先求出每个指标的对称变化率，即变化率不是以本期或上期为基数求得，而是以两者的平均数为基数求得（这样可以消除基数的影响，使上升与下降量均等）。然后，求出先行、同步和滞后三组指标的组内、组间平均变化率，使得三类指数可比。最后，以某年为基年，计算出其余年份各月（季）的（相对）指数。其计算步骤如下。

（1）求单个指标的对称变化率

计算各指标序列逐月变动百分比或离差，为使正负值所起作用对称，首先要对其求对称变化率，以 $C_{i(t)}$ 表示：

$$C_{i(t)} = 200 \times \frac{X_{i(t)} - X_{i(t-1)}}{X_{i(t)} + X_{i(t-1)}} \qquad (7-96)$$

当 $X_{i(t)}$ 为零或负值时，或者指标是比率序列时，取一阶差分：

$$C_{i(t)} = X_{i(t)} - X_{i(t-1)} \qquad (7-97)$$

式中，$X_{i(t)}$ 是第 i 序列消除季节变动后的第 t 时刻的数值。

（2）对称变化率的标准化

为了防止变动幅度大的指标在合成指数中取得支配地位，有必要对各指标的对称变化率进行标准化，使其绝对值的平均数等于 1。令标准化后的 $C_{i(t)}$ 为 $SC_{i(t)}$，则有：

$$SC_{i(t)} = \frac{C_{i(t)}}{A_i}，\text{其中：} A_i = \frac{\sum C_{i(t)}}{n} \qquad (7-98)$$

式中，n 为时间点个数，或第 i 个指标数据的个数。第 i 序列的标准化因子 A_i 是长期历史平均变化，只有当指数要进行全面更正时才重新计算一次。

（3）求标准化变化率的加权平均数 $R_{(t)}$

$$R_{(t)} = \frac{\sum_{i=1}^{k} SC_{i(t)} \times w_i}{\sum_{i=1}^{k} w_i} \tag{7-99}$$

式中，k 是组内的序列数，w_i 是第 i 序列的权重，一般使用等权，即权重均取为1。

（4）标准化和累积指数

对先行组和滞后组的加权平均变化率进行标准化，使它们的长期平均数（不考虑符号）等同于同步组相应变化率的平均数，标准化后的加权平均数：

$$V_{(t)} = \frac{R_{(t)}}{F},\ F = \frac{\sum |R_{(t)}|/n}{\sum |P_{(t)}|/n} \tag{7-100}$$

式中，$P_{(t)}$ 是同步指标组的 $R_{(t)}$，F 也是一长期内的平均比率。

（5）把标准化平均变化率 $V_{(t)}$ 累积成初始指数

计算初始指数是用来推导趋势调整因子的。初始指数的计算公式为：

$$I_{(t)} = I_{(t-1)} \times \frac{200 + V_{(t)}}{200 - V_{(t)}} \tag{7-101}$$

式中，$I_{(t)}$ 为 t 期的初始指数，把最开始月份的该指数定为100。

（6）趋势调整

为了使三个综合指数的趋势等于同步指数各构成序列的趋势平均数，需要进行季节调整。

建立目标趋势。首先，求同步指标组的每个序列最初特定循环和最末特定循环的月平均数，然后分别求出从最初循环到最末循环的月平均变化率。使用的方式是用下列复利公式：

$$T_{(t)} = \left(\sqrt[m]{\frac{C_iL}{C_iI}} - 1\right) \times 100 \tag{7-102}$$

式中，$T_{(i)}$ 为 i 序列趋势因子，C_iL 为 i 序列最末循环的月平均数，C_iI 是最初循环的月平均数，m 是从最初循环中心到最末循环中心之间的月数。

然后求出按上述方法计算出的各同步指标的趋势的平均值，并把它称为目标趋势（G）。

$$G = \frac{\sum T_{(t)}}{k} \tag{7-103}$$

对综合指数作趋势调整。第一，对先行指标、同步指标、滞后指标的初始综合指数，分别用上述的复利公式求出各自的趋势；第二，以目标趋势和初始指数趋势之差作为趋势调整因子，把每个标准化平均变化率 $V_{(t)}$ 加上趋势调整因子，得到 $v'_{(t)}$；第三，推导出指数 $I'_{(t)}$，并把指数 $I'_{(t)}$ 变成定基指数，从而得到综合指数 CI。

$$V'_{(t)} = V_{(t)} + (G - T),\ I'_{(t)} = I'_{(t-1)} \times \frac{200 + V'_{(t)}}{200 - V'_{(t)}},\ CI_{(t)} = \frac{I'_{(t)}}{I'_{(o)}} \times 100 \tag{7-104}$$

式中，$I'_{(0)}$ 是各指标在基准期的平均值。

7.5.2　监测预警

海洋经济综合预警指数是反映海洋经济运行状况的景气合成的一种指数，通过预警信号来反映海洋经济运行趋势和景气指标运行变化趋势。海洋经济运行趋势用景气预警指数图来表示，景气指标运行变化趋势用景气指标信号图来表示。

1）海洋经济预警指标的选取

建立海洋经济预警信号系统最首要的工作是选择海洋经济景气预警指标。选取的预警指标应能在不同的方面反映海洋经济总体的发展规模、发展水平和发展速度。入选的指标应具备如下条件。

（1）所选指标必须在经济上有重要性，所选指标合起来能代表经济活动的主要方面，并且所选指标在一段时期内是稳定的，即对该指标所确定的预警界限保持相对的稳定性。

（2）先行性或一致性。即与海洋经济循环变动大体一致或略有超前，能敏感地反映景气动向。

（3）统计上的迅速性和准确性。

根据以上标准，结合海洋经济监测指标体系，选取海水养殖占海水产品产量的比重、海洋造船完工量、港口货物吞吐量、港口外贸货物吞吐量、港口标准集装箱吞吐量、沿海国际旅游外汇收入、沿海地区生产总值、沿海地区固定资产投资、沿海地区财政收入、沿海地区消费品零售总额、消费价格指数、货币供应量 M2 12 个指标，作为海洋经济预警指标。

2）海洋经济预警界限的确定

参考我国宏观经济监测预警系统，海洋经济的预警界限设四个数值，称为“检查值”。以这四个检验值为界线，确定“红灯”、“黄灯”、“绿灯”、“浅蓝灯”、“深蓝灯”五种信号。当指标的数值超过某一检查值时就亮出相应的信号，同时，每一种信号给以不同的分数，“红灯”5分，“黄灯”4分，“绿灯”3分，“浅蓝灯”2分，“深蓝灯”1分。假设选择了N个预警指标，将N个指标所示的信号分数合计得到综合指数。当全部指标为红灯时，综合指数最高为$5\times N$；全为深蓝灯时，综合指数最低为$1\times N$。然后通过综合指数的检查值来判断当前的预警信号应亮哪一种灯。

（1）单个指标临界点的确定

预警指标的临界值采用分位点法确定。在确定单个指标临界点的时候，须遵循两个原则：一是要根据每个指标的历史数据的实际落点，确定出指标波动的中心线，并以此作为该指标正常区域的中心；然后根据指标出现在不同区域的概率要求，求出基础临界点，即数学意义上的临界点。二是在数据长度过短或是经济长期处于不正常状态的时候，必须通过经济理论和经验判断，剔除该指标异常值，重新确定中心线并对基础临界点进行调整。

根据状态区域的概率，确定临界点。确定状态区域的概率主要考虑三个方面：首先，“绿灯”区居中原则。“绿灯”区属常态区域，其落点概率应在40%~60%之间，选定为50%。其次，“红灯”区和“深蓝灯”区属于极端区，经济含义为“过热”和“过冷”，概率一般定为10%左右，选定“红灯”区和“蓝灯”区的区域落点概率各为10%。最后，“黄灯”区和“浅蓝灯”区为相对稳定区，即为可控区域，表示经济的“偏热”和“偏冷”，落点概率应比极端区为大，选定这个区域的落点概率分别为15%。

根据对经济形势的判断，剔除异常值并调整该指标的中心线值和基础临界点，然后求出修改后临界点所划分的区域落点概率，确认符合经济运行的态势后，确定为最终临界点。需要注意的是，在确定基准指标以外的其他指标临界点的时候，其他指标临界点的确定一定要与基准指标挂钩。如不变价类指标的临界点应大体与基准指标同步（至少变化幅度是同步），而现价类指标的临界点应在基准指标的基础上，再加上通货膨胀的变化因素。

（2）预警指数临界值的确定

在确定了单个指标的临界值后，还要确定综合预警指数的临界值。绿灯与黄灯的界线为所有指标中一半显示为绿灯，一半显示为黄灯时的分值；黄灯与红灯的界线为只有一个指标为红灯，其余指标为黄灯时的分值；绿灯与浅蓝灯的界线为所有指标中一半为绿灯，一半为浅蓝灯时的分值；浅蓝灯与深蓝灯的界线为一个指标为深蓝灯，其余指标为浅蓝灯时的分值。其计算方法如下：

绿灯区中心线为 $N\times3$（N 为指标个数）；

绿灯、浅蓝灯的界限为 $N\times(3+2)/2$（即处于绿灯区和浅蓝灯区的指标各占一半）；

绿灯、黄灯的界限为 $N\times(3+4)/2$（即处于绿灯区和黄灯区的指标各占一半）；

浅蓝灯、深蓝灯的界限为 $(N\times2)-1$（所有指标处于浅蓝灯，当任一指标落入深蓝区时）；

黄灯、红灯的界限为 $(N\times4)+1$（所有指标处于黄灯，当任一指标上至红灯区时）。

对于已选取的预警指标和相应的预警界线，还要随着经济结构的变化进行修正，一般是一个循环过后做一次修改。

第8章　系统应用实践

本章着重介绍江苏省海洋经济运行监测与评估系统的重点操作类应用实践。主要包括重点涉海企业数据上报及分析、用海企业数据上报及展示、重大项目管理系统和海洋经济运行监测报表设计四个重点操作类应用。

8.1　海洋经济运行监测报表设计

报表设计器主要是为海洋经济运行监测评估系统的监测报表提供一个设计编辑报表的操作界面，连接数据库后可预览生成的指标填报报表，可导出为 Excel，HTML 文件。

传统数据报表填报，目前在很大程度上还依赖于报表展现，通常由技术人员根据具体业务需求设计好报表模板，再将数据展现出来，供查看。但在海洋经济运行监测系统实际开发报表中，很多业务报表不能确定，开发人员也不知道需求什么时候有变动，如果用传统的方式制作报表，一旦需求变更，修改起来将是很大的工作量。

报表设计器提出的类 Excel 界面模型，以类 Excel 的方式进行报表的绘制和编辑，可以所见即所行的方式绘制出复杂样式，在保证格式整齐美观的同时提高绘制效率。

用户要绘制一张海洋经济运行监测报表，按以下步骤来进行操作。

第一步：指标管理，把报表需要用到的指标建立好。

第二步：报表管理，建立报表信息。

第三步：报表管理，报表设计，进行报表模板设计，包括表样、表内验证关系、设置指标等操作。

通过以上三个步骤，一张海洋经济运行监测报表就设计完成。

报表设计器界面采取 Flex 实现，使用 JSON 格式数据来进行前后台数据的交换，报表设计器绘制好报表后，会将报表信息的 JSON 数据发送给后台服务接口，后台服务接口根据上报的数据自动生成报表的 HTML，Excel 模板。

HTML 模板采用 FreeMarker 实现。FreeMarker 是一个用 Java 语言编写的模板引擎，它基于模板来生成文本输出。报表设计器生成带有 FreeMarker 指令的 HTML 报表模板。程序中将报表模板和报表数据整合输出生成完整数据报表。

Excel 模板采用 POI 实现。Apache POI 是 Apache 软件基金会的开放源码函式库，POI 提供 API 给 Java 程序对 Microsoft Office 格式档案读和写的功能，其中对 Word，Excel 和 PowperPoint 都有支持。通过 Apache POI 操作 Excel 接口结合报表设计器生成的对象信息生成 Excel 文件。

报表模板设计器是报表管理中一个功能，要对一个报表的填报模板进行设计，需先新建报表信息，建完报表信息才可能进入报表模板设计。详细操作如下。

报表管理页面，点击“增加”按钮，进行新增报表模板（图 8-1）。

图 8-1　新增报表模板

弹出添加报表模板信息的页面如图 8-2 所示。

图 8-2　添加报表模板

根据报表模板信息，填入相应的报表模板信息（图 8-3）。

图 8-3　填写报表模板信息

该页面在录入信息的时候一定要注意报表模板的选择和统计制度的归属；然后根据报表模板的样式选择填入报表名称、制表机关、报表文号等信息，根据报表模板制作相应的单元格式（见图 8-4）或者行式模板选择

(图 8-5)。

（一）沿海区域海洋行政管理机构情况

地区名称:__________(填至沿海地带）　　表　　号：海统 1 表
地区名称(填至沿海地带)：　　制表机关：国家海洋局
行政区划代码：□□□□□□□　　批准机关：国家统计局
填报单位:　　批准文号：国统制[2009]42 号
机构名称：　　200　年　　有效期至：2011 年 10 月

指标名称	代码	计量单位	数量
甲	乙	丙	1
单位从业人员	01	人	
其中：管理人员	02	人	
专业技术人员	03	人	
固定资产原值	04	万元	
本年收入	05	万元	
其中：事业收入	06	万元	
经营收入	07	万元	
本年支出	08	万元	
收支结余	09	万元	

单位负责人：　　统计负责人：　　填表人：　　报出日期：20　年　月　日

填报说明：1．本表用于了解沿海地区海洋行政管理情况，为科学行政管理提供依据。

2．统计对象是沿海地区、城市、地带数据，由沿海省、自治区、直辖市海洋行政管理机构搜集。

图 8-4　单元格式

（九）海洋矿业生产情况

表　　号：海统 9 表
城市名称(沿海城市)：　　制表机关：国家海洋局
行政区划代码：□□□□□□□　　批准机关：国家统计局
填报单位:　　批准文号：国统制[2009]42 号
200　年　　有效期至：2011 年 10 月

矿种名称	属于金属/非金属矿	产量（吨）
甲	乙	1

单位负责人：　　统计负责人：　　填表人：　　报出日期：200　年　月　日

填报说明：1．本表用于了解沿海城市海洋矿业生产情况。

2．由沿海省、自治区、直辖市海洋行政管理机构和国家有色金属工业协会信息统计部提供沿海城市数据。

图 8-5　行式报表

添加完成报表模板基本信息后，选择新增的报表记录，点击“设计”按钮进行报表模板的设计工作（图 8-6 和图 8-7）。

报表管理

统计制度：海洋统计报表制度　报表版本：2006年至2011年　报表名称：　查询　增加　 [illegible]

点击设计报表模板

序号	报表版本	统计制度	报表名称	表号	制表机关	批准文号	操作
1	2006年至2011年	海洋统计报表制度	本地区主要社会经济指标	海统2表	国家海洋局	国统制[2009]42号	
2	2006年至2011年	海洋统计报表制度	海洋行政应诉案件情况	海统41表	国家海洋局	国统制[2009]42号	
3	2006年至2011年	海洋统计报表制度	海洋行政复议案件情况	海统40表	国家海洋局	国统制[2009]42号	
4	2006年至2011年	海洋统计报表制度	海上救捞情况	海统39表	国家海洋局	国统制[2009]42号	
5	2006年至2011年	海洋统计报表制度	沿海地区（城市）工业废水排放情况	海统37表	国家海洋局	国统制[2009]42号	
6	2006年至2011年	海洋统计报表制度	海水水质监测结果	海统34表	国家海洋局	国统制[2009]42号	

图 8-6　报表模板记录

海洋行政复议案件情况　当前

	A	B	C	D	E	F	G	H
1	海洋行政复议案件情况							
2							表　号：	[显示项] 表号
3							制表机关：	[显示项] 制表机关
4							批准机关：	[显示项] 批准机关
5							批准文号：	[显示项] 文号
6	填报单位：	[显示项] 填报单位		[显示项] 填报时间			有效期至：	[显示项] 有效期
7	案件名称	申请	受理情况	申请人	申请复议事项	被申请人	审结情况	行政赔偿数额（元）
8	甲	乙	丙	丁	戊	己	庚	1
9	*海洋行政复议案件情况-案件名称*	*海洋行政复议案件情况-申请*	*海洋行政复议案件情况-受理情况	*海洋行政复议案件情况-申请人*	*海洋行政复议案件情况-	*海洋行政复议案件情况-被申请人*	*海洋行政复议案件情况-	*海洋行政复议案件情况-行政赔偿数额（元）*
10	单位负责人：	[输入项] 单位负责人	统计负责人：	[输入项] 统计负责人	填 表 人：	[输入项] 填表人	报出日期：	[输入项] 报出日期
11	填表说明：	1. 本表用于了解涉海行政复议案件处理情况，为制定海洋政策法规提供依据。						
12		2. 由沿海省、自治区、直辖市海洋行政管理机构搜集数据。						
13								
14								
15								
16								
17								

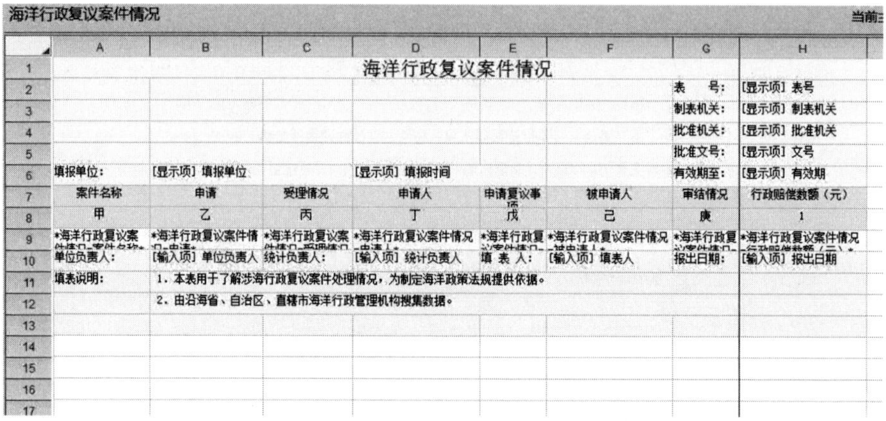

图 8-7　模板设计页面

设计报表模板整体布局，报表模板分为四大部分，即标题部分、表头部分、内容部分、表底部分，选中自己要划分的部分，选择右侧的报表模板区域进行相应区域划定，如图 8-8 所示。

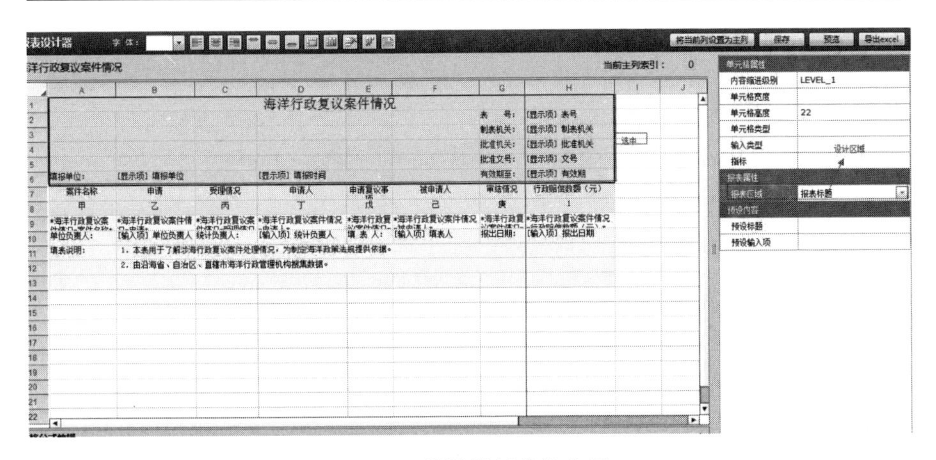

图 8-8　设计模板整体布局

依此类推，设定所有四个部分；然后分别设计报表模板，如图 8-9 所示。

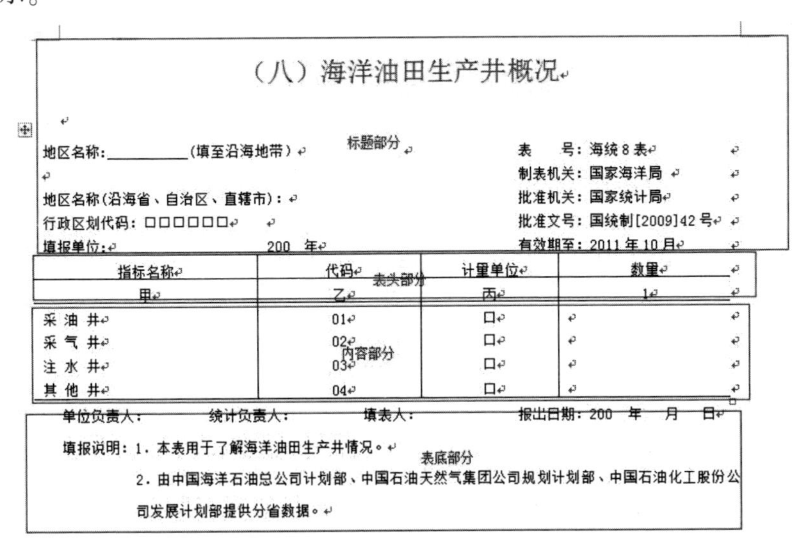

（八）海洋油田生产井概况

标题部分

地区名称：__________（填至沿海地带）　　表　号：海统 8 表

制表机关：国家海洋局

地区名称（沿海省、自治区、直辖市）：　　批准机关：国家统计局

行政区划代码：□□□□□□□　　批准文号：国统制[2009]42 号

填报单位：　　200　年　　有效期至：2011 年 10 月

表头部分 / 内容部分

指标名称	代码	计量单位	数量
甲	乙	丙	1
采 油 井	01	口	
采 气 井	02	口	
注 水 井	03	口	
其 他 井	04	口	

表底部分

单位负责人：　　统计负责人：　　填表人：　　报出日期：200　年　月　日

填报说明：1．本表用于了解海洋油田生产井情况。

2．由中国海洋石油总公司计划部、中国石油天然气集团公司规划计划部、中国石油化工股份公司发展计划部提供分省数据。

图 8-9　设计报表模板

依照报表模板样式，在报表设计器中设计报表模板；初始设计完成样式如图 8-10 所示。

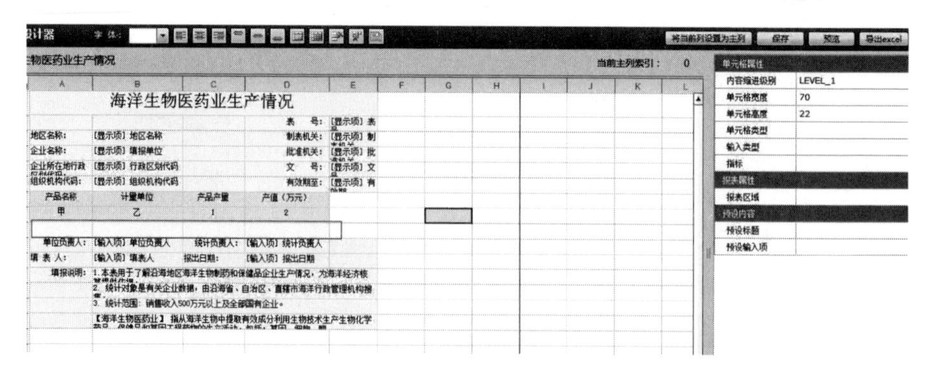

图 8-10　初始设计样式

此时需要在右侧方框对应的单元格内填入对应的指标，指标填入是根据右侧的输入指标处选择填入（图 8-11）。

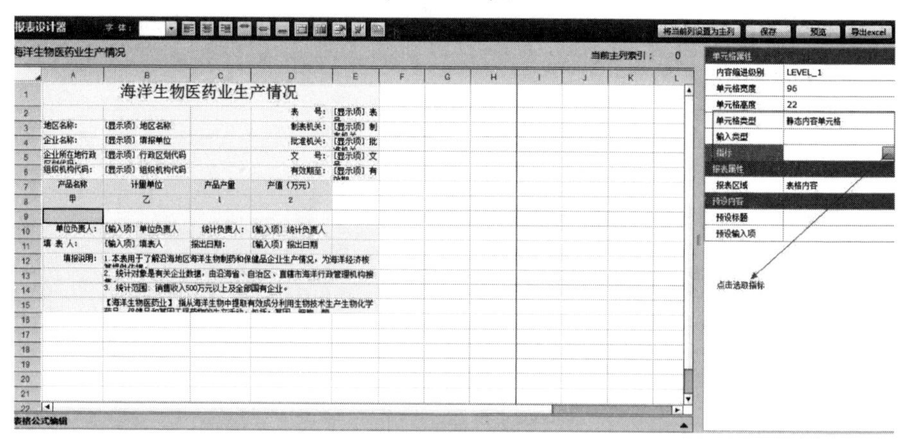

图 8-11　指标填入

其中指标填入框是单个的指标，输入类型选择为“文本类型”（见图 8-12）。

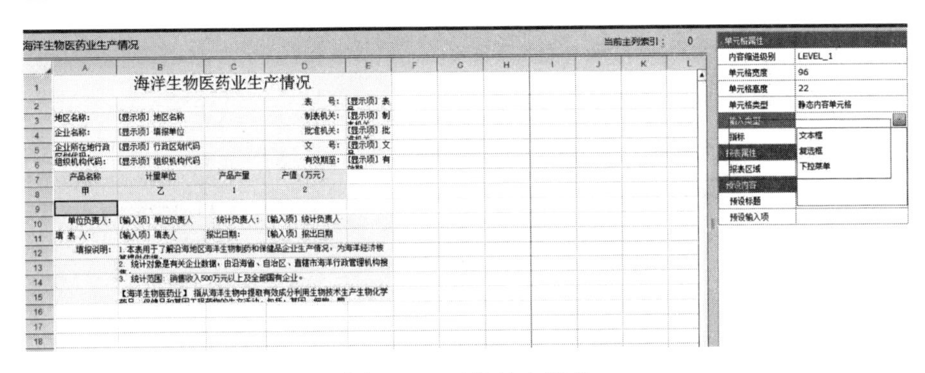

图 8-12　选择输入类型

然后点击选取配置好的相应指标项，如图 8-13 所示点击“确定”即可。

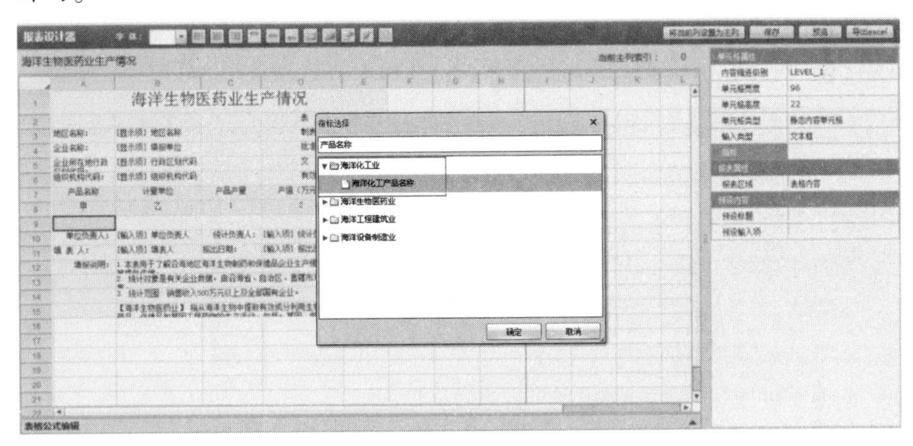

图 8-13　选取相应指标项

填入指标后的模板如图 8-14 所示。

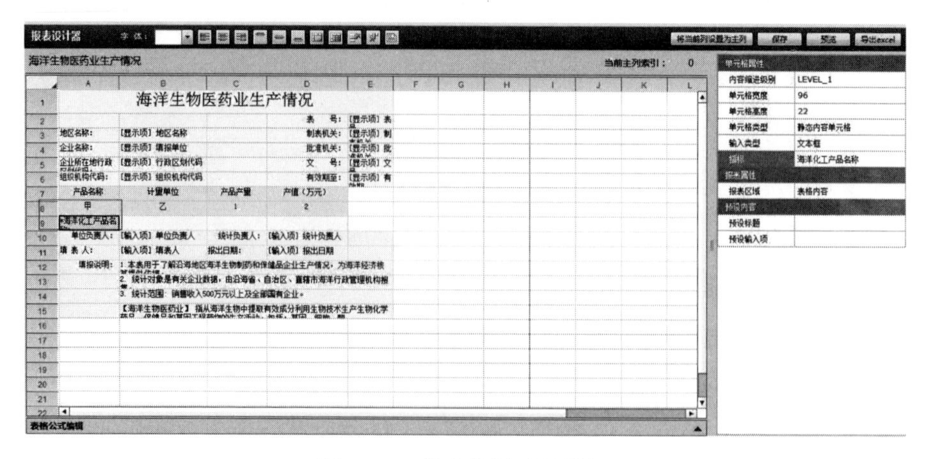

图 8-14　填入指标后的模板

全部指标填入完毕，点击【保存】按钮，报表模板设计完毕（图 8-15）。

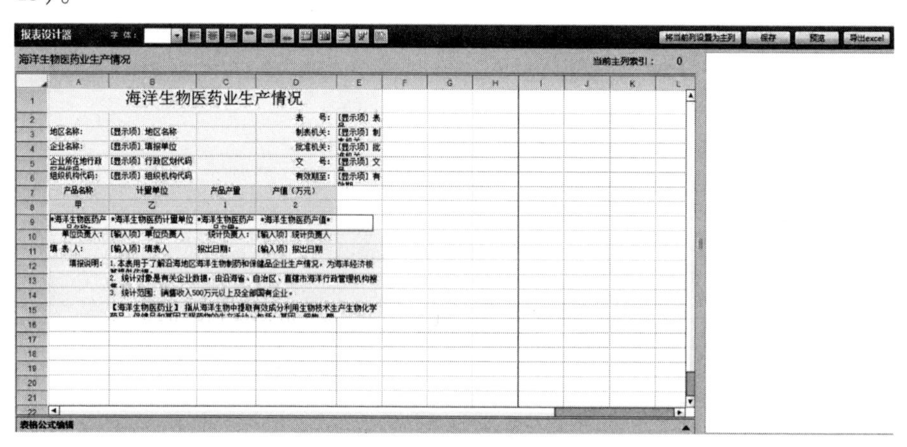

图 8-15　保存报表模板

如果指标类型为复选框样式，如图 8-16 所示的报表模板。

地区名称(填至沿海地带)： 行政区划代码： 填报单位：　　　　201　年	表　号：海统 14 表 制表机关：国家海洋局 批准机关：国家统计局 批准文号：国统制[]号 有效期至：201 年　月

工程名称		
工程位置	省（自治区、直辖市）　市　县（区）	
建设单位		
施工单位		
工程状态	□ 许可阶段　□ 在建　□ 竣工　□ 废弃	
	设计使用年限	运行起始时间
	（年）	年　月　日~　年　月　日
选址方式	□独立选址	
	□区域用海	区域用海名称：
工程用途	□渔港工程　□人工鱼礁工程　□海水养殖工程　□农业围垦工程 □油气勘探开采工程　□固体矿产勘探开采工程　□城镇建设工程 □盐业工程　□船舶修造工程　□海洋化工工程　□海水利用工程 □海洋仓储工程　□火(热)电工程　□核电工程　□风电工程 □海洋能发电工程　□港口工程　□航道工程　□路桥工程 □海底隧道工程　□海底电光缆工程　□海底油气管道工程 □海底输水管道工程　□排污管道工程　□景观开发工程 □游乐设施工程　□旅游配套服务工程　□海岸与河口防护工程 □环境整治与修复工程　□其它	

图 8-16　指标类型为复选框样式的报表模板

在设计报表模板的时候，如图 8-17 设置即可。先录入枚举型指标组。

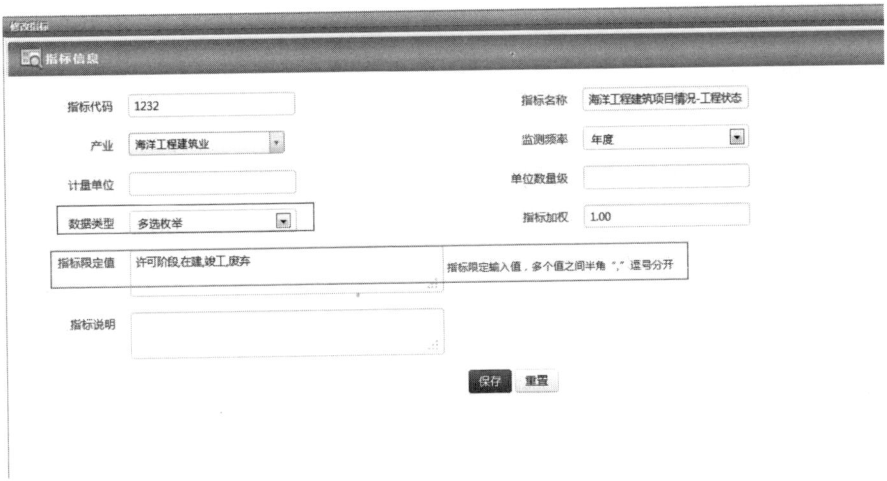

修改指标
指标信息
指标代码　1232　　指标名称　海洋工程建筑项目情况-工程状态
产业　海洋工程建筑业　　监测频率　年度
计量单位　　单位数量级
数据类型　多选枚举　　指标加权　1.00
指标限定值　许可阶段,在建,竣工,废弃　　指标限定输入值，多个值之间半角“,”逗号分开
指标说明
保存　重置

图 8-17　录入枚举型指标组

然后界面选择如图 8-18 所示，完成设计即可。

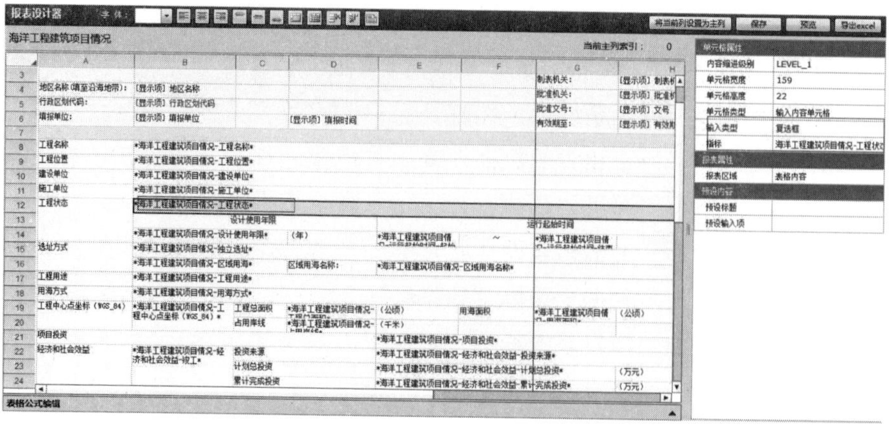

图 8-18　完成模板设计

8.2　重点涉海企业数据上报及分析

海洋重点涉海企业定期由数据上报人员直接向江苏省海洋与渔业局上报海洋经济数据。涉海企业用户需要上报的所有报表归属于涉海企业调查表制度下，共 9 张报表（图 8-19）。

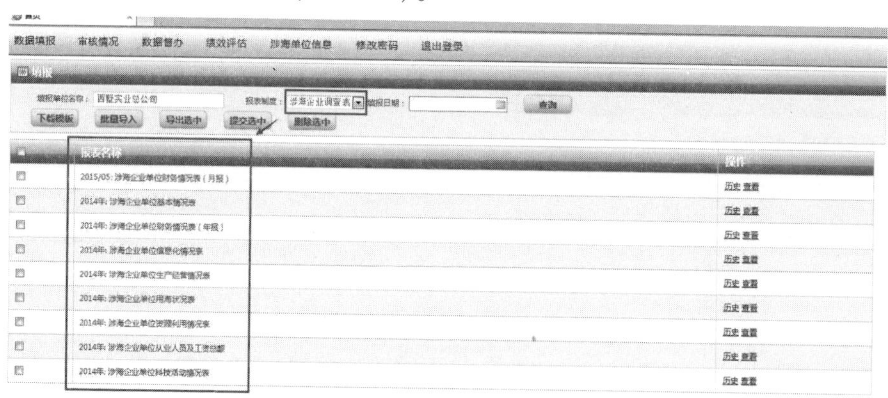

图 8-19　涉海企业调查表

按江苏省海洋与渔业局数据上报要求，涉海企业单位财务情况表（月报）属于月报表，必须在每月 10—20 日上报上月数据。其余的报表属于年报表，必须在每年的 1 月上报上一年的数据。

报表填报时采取嵌套 JSP 页面方式展示报表格式。为方便人员操作，支持在 Excel 报表文件直接复制数据到填报页面中，另外也支持在导出的报表模板 Excel 中，填写报表数据，然后将 Excel 报表文件直接导入。

涉海企业用户登录系统后，在打开填报界面后，系统会根据用户身份查询出当前时间段所有相关的数据报表，未填报的报表可以直接填报，已填报提交的报表可以通过“历史”跟踪上报数据审批进度。

在填报界面中，根据报表设计时设置的指标公式及必填内容，来对填报项进行校验。确定数据不需修改后可以提交给上级单位进行审核。

报表导入步骤与填报基本相同，都需要人员确定需要导入的报表，然后选择根据报表模板填报的报表文件进行导入。系统可以判断选择的报表文件和需要导入的报表是否相符，并通过 POI 解析导入的报表文件，将里面的指标数据存入系统。

1）填报详细操作流程

涉海企业每月需要填报涉海企业单位财务情况表（月报）（图 8-20），系统可以导入也可以直接打开报表在页面上进行填报。

图 8-20　选择涉海企业单位财务情况表（月报）

选择“填报”可以弹出报表填报页面（见图 8-21），报表在设计时对必填项和填报项之间的关系都做了设置，如果不符合报表的逻辑关系会弹出相应的出错提示。

在页面内用 JQuery 对数据进行公式校验以及与上期数据进行幅度对比，提示相应的警示信息。

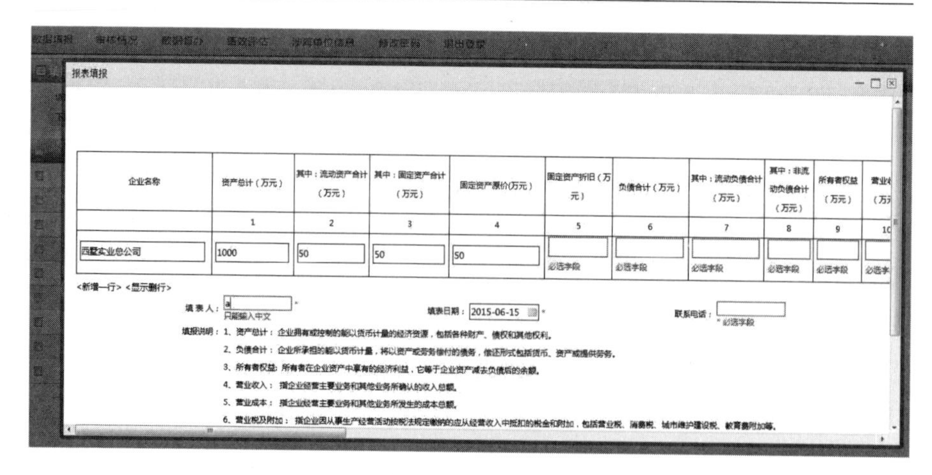

图 8-21　填报页面

2）报表设计器

报表采用了 ReportMaker 报表设计工具，此工具是基于 Flex 技术，通过页面嵌入支持在线编辑的一款中国式报表设计器。报表设计工具提供了丰富的接口，可方便地将设计模板存储到数据库，也可以通过数据库读取设计模板并进行展示；同时支持属性的数据扩展接口，自定义属于的选择内容（图 8-22）。

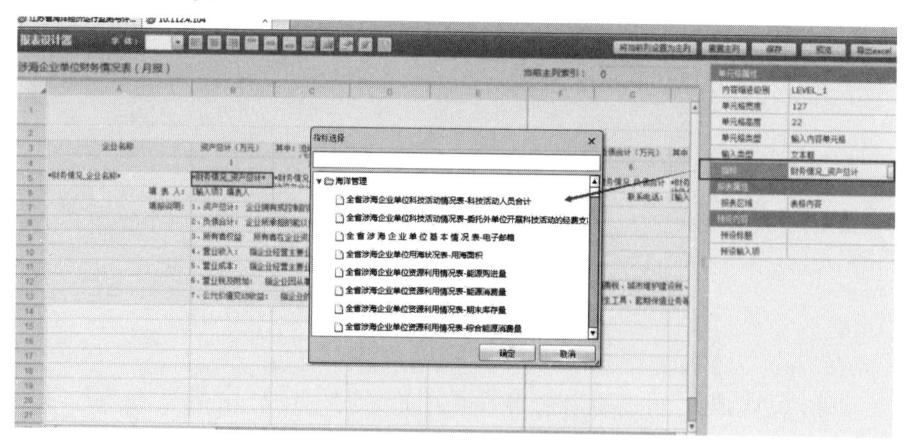

图 8-22　报表设计器——属性定义

报表设计器提供了常用报表样式设计工具，支持传统表格的字体、对齐方式、格式等样式的定义，并支持预览、导出 Excel 等功能（见图 8-

23）。

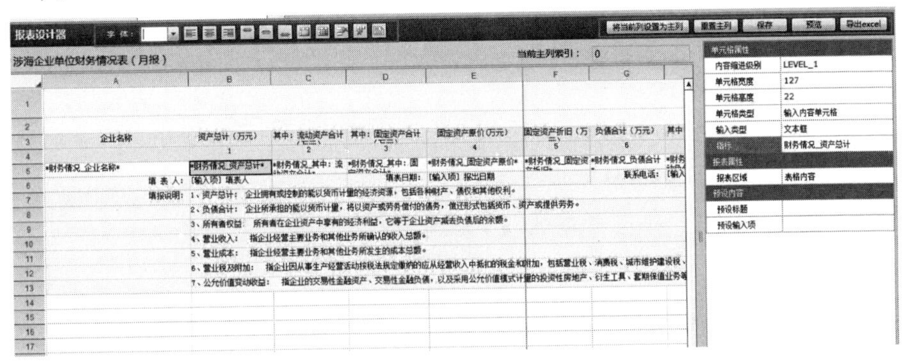

图 8-23　报表设计器常用功能

报表数据填报完毕后，可以点击“保存”或“提交”。点击“保存”将报表置为暂存状态，可通过修改操作继续对填报数据进行修改或提交；点击“提交”将报表报送给上级单位进行审核，不能再进行修改数据的操作（图 8-24）。

图 8-24　保存报表

报表数据的展示分为两种方式，一是可以通过导出报表，将报表数据生成 Excel 文件下载到本地进行查看；二是可以在界面中点击报表的“详细”，来查看报表数据的详细信息。

涉海企业调查表属于直报类型的报表，所以在提交审核后会由省海洋局用户进行审核。省海洋局用户根据企业数据上报的实际情况可以选择驳回或审核通过，被驳回的报表退回给对应的涉海企业重新填报，审核通过的报表流程直接结束，报表关闭。

3）涉海企业数据分析

数据分析是利用 BI 系统将采集上报的数据进行抽取、分析、加工后通过图表形式对各企业每月上报财务报表中的各项指标进行分析展示（图 8-25），帮助分析者、决策者直观的了解海洋经济的变化及趋势。

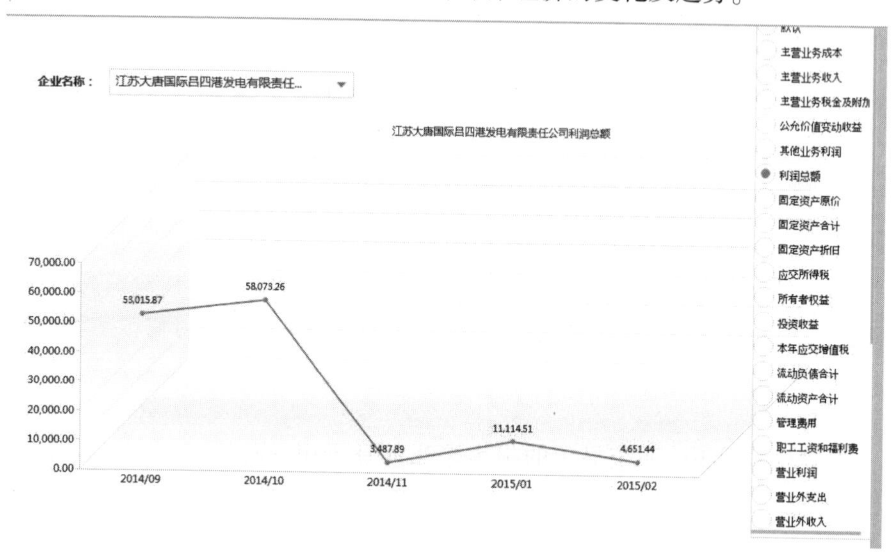

图 8-25　涉海企业财务月报分析

8.3　用海企业数据上报及展示

用海企业调查表上报模块用于报表填报人员向上级单位报送本级用海企业的调查数据，使上级海洋单位方便统计及调查所有用海企业调查数据，用海企业调查表共 18 张。

用海企业调查表一般由直属海洋局用户给各企业代填，县级提交给市级审核，市级提交给省级审核，省级审核通过后可进行统一汇总。

在报表填报时采取嵌套 JSP 页面方式展示报表格式。为方便人员操作，支持在 Excel 报表文件直接复制数据到填报页面中，另外也支持在导出的报表模板 Excel 中，填写报表数据，然后将 Excel 报表文件直接导入。

为方便用户操作及使用系统提供两种数据填报方式：传统式填报和向

导式填报，用户登录系统后可根据操作习惯选择任意一种方式进行数据上报（图 8-26）。

图 8-26　填报方式

1）传统式填报

默认情况下，系统显示的报表是当前登录用户身份对应的机构报表，所以填报用海企业调查表就需要先选择对应的企业（图 8-27）。

图 8-27　选择用海企业

用海企业选择后，需要在报表制度菜单下选择“用海企业调查表”和对应的填报日期，系统默认填报日期为每年的 6 月填报上一年度的用海企业调查表，查询条件选择好后点击“查询”，系统会显示出所有需要填报的报表（图 8-28）。

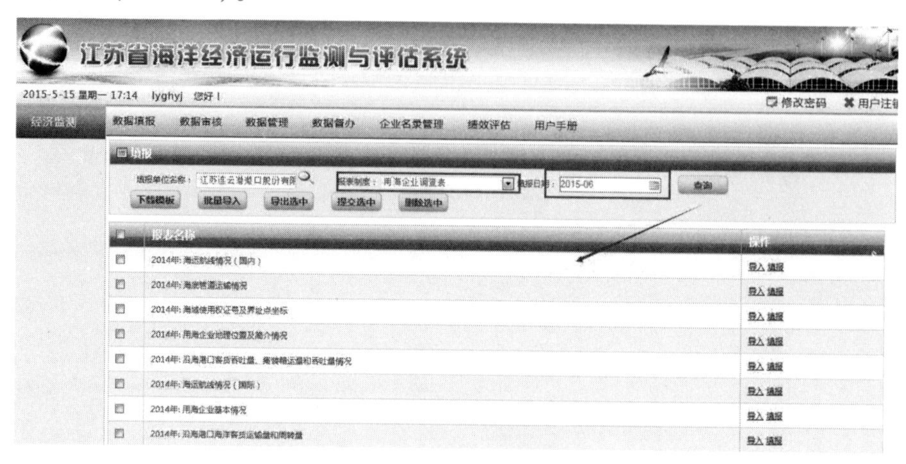

图 8-28　查询可填报的报表

2）向导式填报

向导式填报是参照用户使用习惯，通过一定的操作步骤引导用户逐步进行条件筛选的操作过程。向导式操作过程：首先选择“报表制度”，然后选择“报表日期”和本次填报的“报表”，如果是代填选择“是”，并通过企业信息查询功能选择企业，最后进行填报操作（图 8-29）。

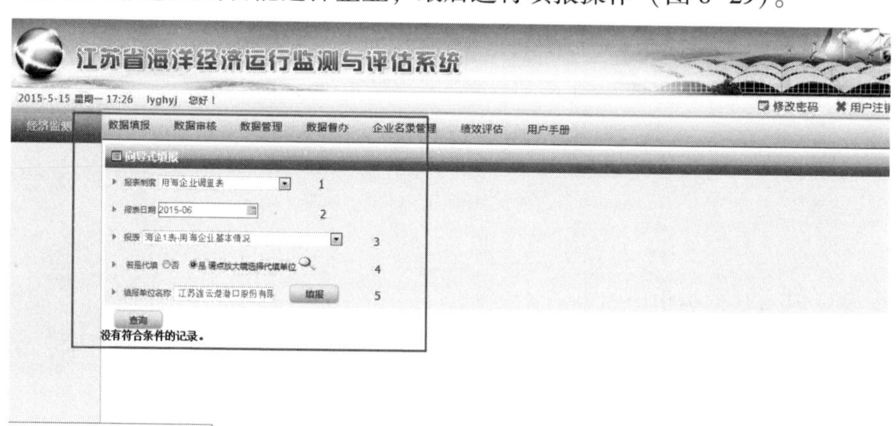

图 8-29　向导式填报

在填报界面中，根据报表设计时设置的指标公式及必填内容，来对填报项进行校验。确定数据不需修改后可以提交给上级单位进行审核。

报表导入步骤与填报基本相同，都需要人员确定需要导入的报表，然后选择根据报表模板填报的报表文件进行导入。系统可以判断选择的报表文件和需要导入的报表是否相符，并通过 POI 解析导入的报表文件，将里面的指标数据存入系统。

3）用海企业调查数据填报详细操作流程

首先通过传统式填报或向导式填报选择需要代填的企业和填报时间，找到需要本次需要填报的报表，选择“填报”可以弹出报表填报页面，如果报表是需要汇总的类型，系统可以将下级的同期报表数据汇总出来，作为当前报表的初始值加载到填报页面中，如图 8-30 所示。

新建　海企1表-用海企业基本情况

指标名称	代码	计量单位	指标值
甲	乙	丙	1
资产总计	A01	千元	
年初存货	A02	千元	
年末存货	A03	千元	
固定资产原价	A04	千元	
本年折旧	A05	千元	
营业收入	A06	千元	
其中：主营业务收入	A07	千元	
营业成本	A08	千元	
其中：主营业务成本	A09	千元	
营业税金及附加	A10	千元	
其中：主营业务税金及附加	A11	千元	

图 8-30　报表填报页面

在页面内用 JQuery 对数据进行公式校验以及与上期数据进行幅度对比，提示相应的警示信息（见图 8-31）。

报表数据填报完毕后，可以点击“保存”或“提交”。“保存”即将报表置为暂存状态，可通过修改操作继续对填报数据进行修改或提交；“提交”即将报表报送给上级单位进行审核，不能再进行修改数据的操作（见图 8-32）。

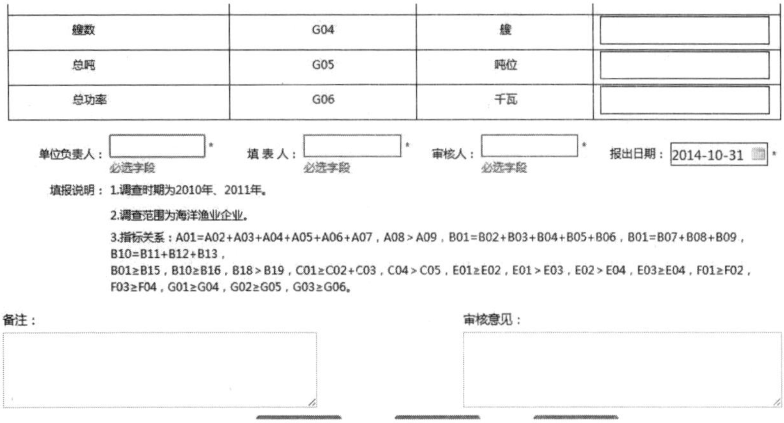
艘数
G04
艘
总吨
G05
吨位
总功率
G06
千瓦
单位负责人：
必选字段
填表人：
必选字段
审核人：
必选字段
报出日期：
2014-10-31
填报说明：1.调查时期为2010年、2011年。
2.调查范围为海洋渔业企业。
3.指标关系：A01=A02+A03+A04+A05+A06+A07，A08＞A09，B01=B02+B03+B04+B05+B06，B01=B07+B08+B09，B10=B11+B12+B13，
B01≥B15，B10≥B16，B18＞B19，C01≥C02+C03，C04＞C05，E01≥E02，E01＞E03，E02＞E04，E03≥E04，F01≥F02，F03≥F04，G01≥G04，G02≥G05，G03≥G06。
备注：
审核意见：

图 8-31　提示警示信息

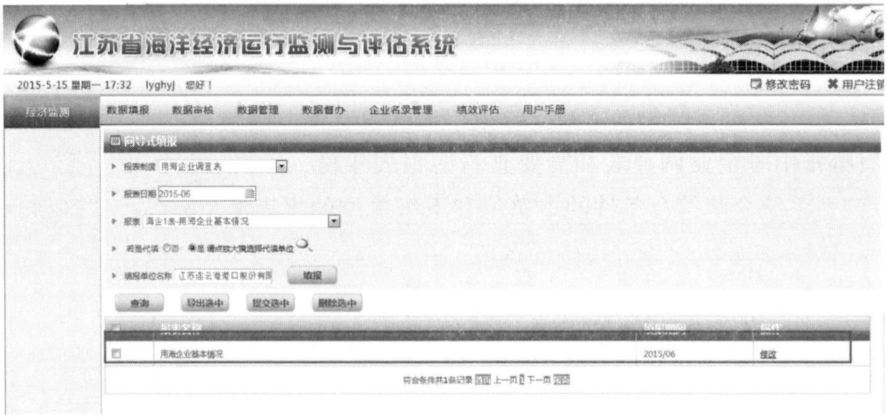
江苏省海洋经济运行监测与评估系统
2015-5-15 星期一 17:32 lyghyj 您好！
修改密码
用户注销
经济监测
数据填报
数据审核
数据管理
数据督办
企业名录管理
绩效评估
用户手册
填报
查询
导出选中
提交选中
删除选中
用海企业基本情况
2015/06
修改

图 8-32　报表数据保存

县级代填的报表需要提交给市级审核，市级可选择“驳回”或“审核通过”；市级审核通过的报表需要提交给省级审核，省级可选择“驳回”或“审核通过”。由于用海企业比较多，单一方式审核效率低，系统同时提供汇总审核功能。

汇总审核是根据组织层级将各级下需要审核的报表汇总在同一个页面中，提供批量审核的一种快捷审核方式，用户可一次选择多个企业进行统一意见填写驳回或审核通过操作（见图 8-33）。

报表数据的展示分为三种方式，一是可以通过导出报表，将报表数据生成 Excel 文件下载到本地进行查看；二是可以在界面中点击报表的“详

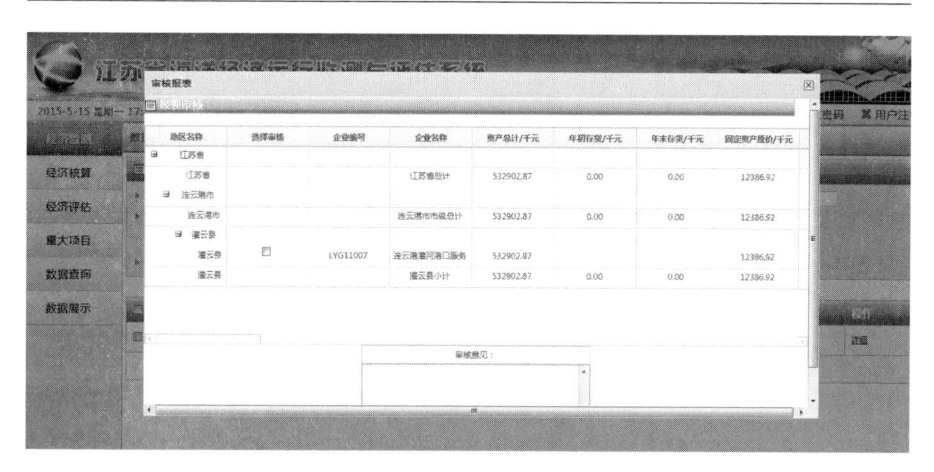

图 8-33　汇总审核

细”，来查看报表数据的详细信息；三是根据组织层级汇总方式查询报表数据。

在报表查看界面，选择用海企业调查表制度，报表版本，具体希望查看哪张用海企业调查表和需要查看的报表年份，点击“用海企业报表查询”，系统会将符合条件的本单位和下级单位的报表汇总为以行政区划为层级显示的树形报表列表中；点击“用海企业报表导出”，可以将查得的报表数据导出 Excel 下载到本地查看（图 8-34）。

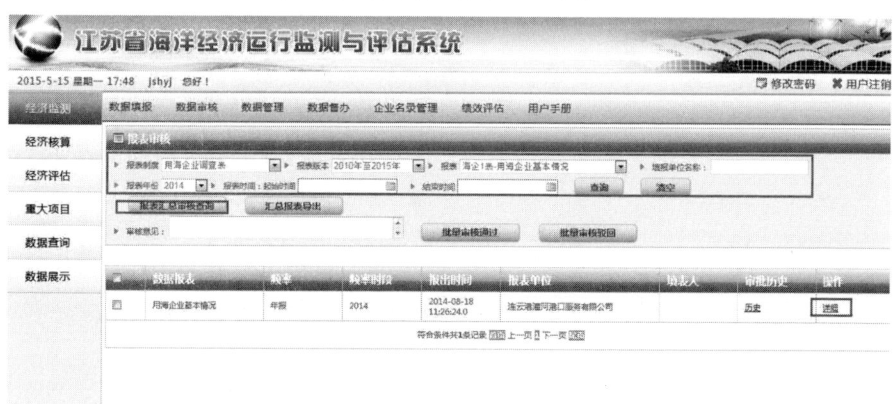

图 8-34　用海企业报表查询

8.4 沿海重大项目管理

重大项目管理系统目前主要用于对江苏省200个推进项目和30个储备项目的基本信息进行管理，并通过省、市级单位对项目进度的审核，对项目的进度信息进行实时监控。

1）重大项目管理系统业务流程（图8-35）

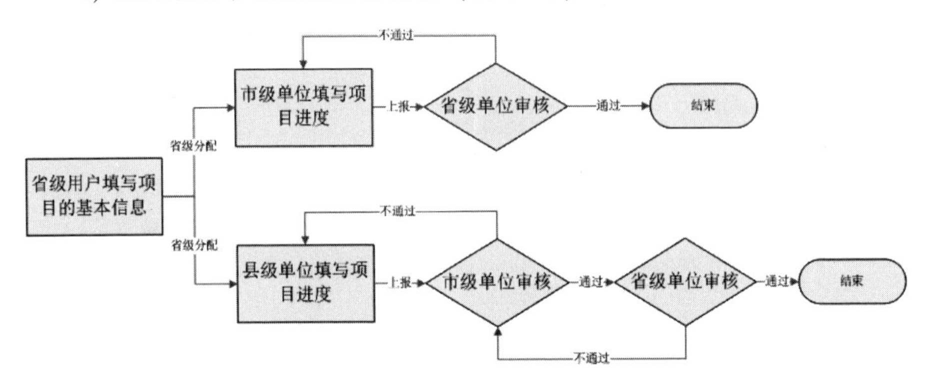

图8-35　重大项目管理系统业务流程

流程描述：

（1）省级单位填写项目的基本信息，并通过项目的责任单位，将项目分配到应负责该项目的下级单位（图8-36）。

图8-36　项目基本信息填写

（2）下级单位接到省级下派的项目后，以季度为周期，填写项目的进度，并上报给上级单位（注：如果市级单位填写项目进度，上报给省级；如果县级填写项目进度，则上报给市级）（图 8-37）。

图 8-37　项目进度信息填写

（3）省、市级单位接到下级单位上报的项目进度，进行审核，如果审核不通过，则退回下级单位（注：市级审核县级单位的上报数据，不通过，退回给县级；省级审核县级单位的上报数据，不通过，退回给市级，再由市单位退回给县级单位；省级审核市级单位的上报数据，不通过，退回给市级），如果审核通过，那么该条数据成为正式数据，进入到统计审核中（见图 8-38 和图 8-39）。

图 8-38　项目进度审批页面

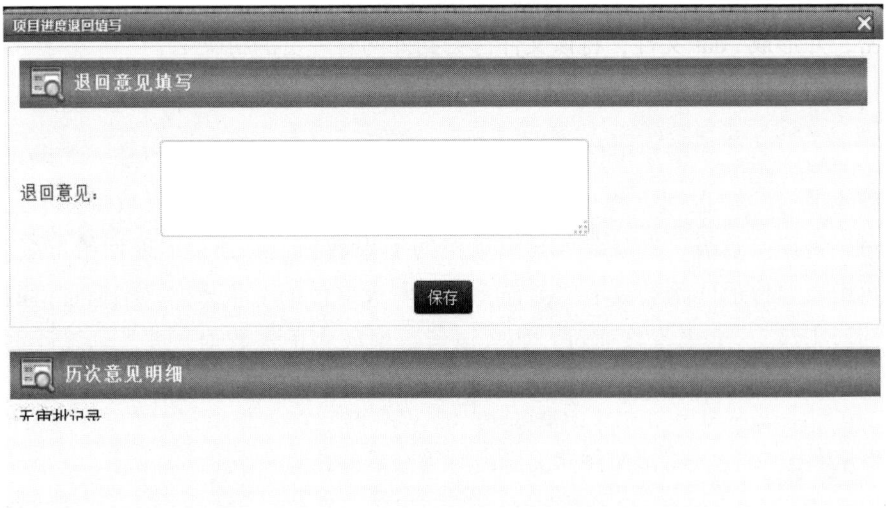

图 8-39　项目进度退回意见页面

2）导入导出流程

系统数据的导入导出功能是使内网数据和外网数据可以实时交互，市级和县级上报和审核的数据可以在第一时间里，将数据导入到江苏省海洋与渔业局的内网中，以便江苏省海洋与渔业局及江苏省沿海地区发展办公室来进行审核，同时，审核后的数据也可以立刻导入到外网数据库中，这样上报的企业也可以立刻知道自己上报的数据是否被审核通过，如图 8-40 所示。

图 8-40　内外网导入导出界面

3）内外网导入导出流程

流程描述（见图 8-41）：

（1）管理员进入内网的数据导入导出界面，点击内网数据导出，将业务库中的数据导入到内网导出库中。

（2）登录内外网数据导入导出工具，将内网导出库的数据进行 DES 加密，并形成 . dat 文件，将该文件拷贝到外网管理员的机器上。

（3）外网管理员登录数据导入导出工具，将 . dat 文件通过导入导出工具上传到外网系统的服务器上，并将内网数据导入到外网的内网数据导入库中。

（4）外网管理员点击内网数据导入，就可将内网数据导入到外网业务库中。

（5）外网管理员点击外网数据导出，将外网业务库中的数据导入外网数据导出库

（6）登录导入导出工具，将外网数据导出库的数据进行 DES 加密，并形成 . dat 文件，将该文件拷贝到内网管理员的机器上。

（7）内网管理员登录数据导入导出工具，将 . dat 文件通过导入导出工具上传到内网系统的服务器上，并将外网数据导入外网数据导入库中。

（8）内网管理员点击外网数据导入按钮，就可将外网数据导入到内网。

注：DES 算法为密码体制中的对称密码体制，又被称为美国数据加密标准，是 1972 年美国 IBM 公司研制的对称密码体制加密算法。其密钥长度为 56 位，明文按 64 位进行分组，将分组后的明文组和 56 位的密钥按位替代或交换的方法形成密文组的加密方法。

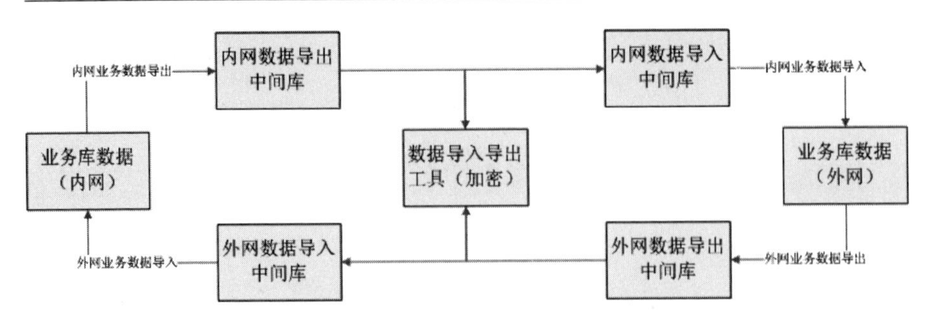

图 8-41　内外网导入导出流程

项目进度经过审核通过后，将进入到项目的统计当中。统计包括推进项目图标分析（图 8-42）、储备项目图标分析（图 8-43）、重大项目汇总表、重大项目明细表、重大项目明细报表查询、重大项目基本情况多维分析、重大项目基本情况按起始时间分析、重大项目基本情况按项目性质分析。

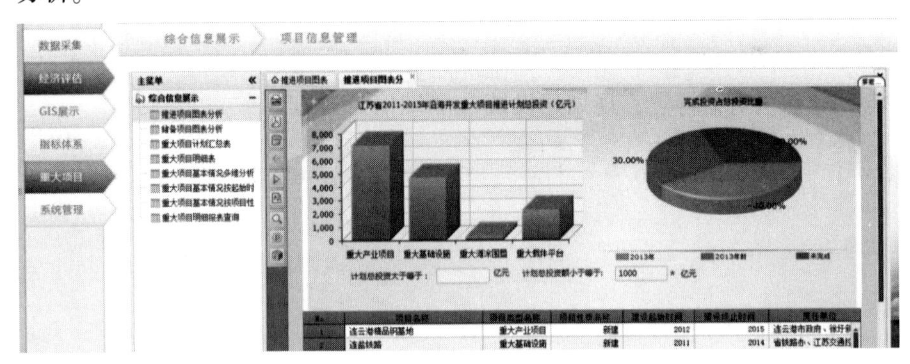

图 8-42　图例 1

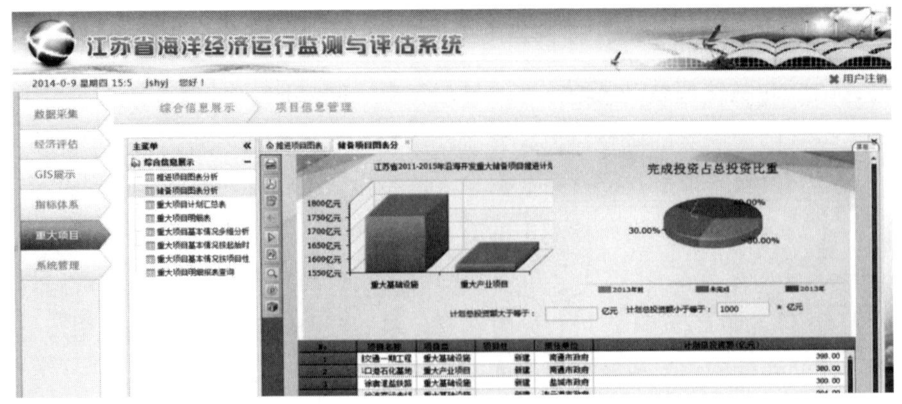

图 8-43　图例 2

第 9 章　系统特色与展望

本章对江苏省海洋经济运行监测与评估系统进行回顾，总结该系统建设的特色及系统优势，在此基础上对该系统发展进行展望。

9.1　系统业务特点

9.1.1　统一架构实现海洋经济数据整合

采用顶层设计思想指导江苏省海洋经济运行监测与评估系统的设计和实施，实现海洋经济建设由“面向过程”到“面向数据”的转变，从数据层面建立较为完整的海洋经济数据模型，面向相关业务系统的业务特点、数据特点、网络特点，规划建设统一基础信息库和相关主题数据库，解决数据分散存储、多头管理等问题，实现江苏海洋经济核心业务数据管理的集中化和标准化。达成快速适应海洋经济业务的变化形势和改革措施的目的。

在海洋经济数据架构的基础上，通过数据交换模块实现江苏省海洋经济运行监测与评估系统与国家海洋局海洋经济运行监测数据采集系统和江苏省涉海部门的数据共享与交换，实现对已有数据资源的充分利用，减少资料收集、数据采集等重复劳动和相应费用，降低海洋经济监测与评估整体成本，提升整体业务效率。

9.1.2　业务流程优化整合，提升海洋经济监测评估效能

通过江苏省海洋经济运行监测与评估系统的设计与实施，对海洋经济业务流程进行重新梳理，并在此基础上实现业务流程的管理再造和优化升级。在系统设计过程中构建基于业务流程的知识库，在系统实施环节实现业务流与程序流的分离，减少海洋经济监测评估业务改革对应用系统的代码依赖，缩短开发时间、方便系统维护、降低开发成本，增强系统稳定

性。同时，提供软件二次开发的接口，为后续快速二次开发提供技术保障。

特别需要指出的是，系统建设过程中积累的业务流程知识库也为日后江苏省海洋经济运行监测与评估业务优化重塑工作打好坚实的技术基础，辅助对现有海洋经济业务流程的梳理、完善和改进工作。通过对流程进行不断的改进，以期取得海洋经济监测与评估工作的最佳效果，提升江苏省海洋经济整体监测评估效能。

9.1.3 拖拽操作实现系统使用易用性

拖拽方式带来了前所未有的易用体验。在几乎所有的应用软件使用过程中，易用性在用户看来是很重要的一点。软件易用，往往意味着可以节省人力、节省耗时，在用户的业务处理中提速。软件除了在功能和性能满足用户需求以外，易用性也是重要的指标之一。江苏省海洋经济运行监测与评估系统采用拖拽的方式，不需要相关领导和工作人员具备专业的 IT 基础，更不需要在监测与评估阶段为建模等问题而编程。具体来说，系统实现的即席查询功能，无需编程，基于数据模型可全拖拽实现数据查询；多维分析操作过程具备可视化的多维分析导航，工作人员通过简单的鼠标拖拽、点击就可以生成查询。这些过程是无需编程的，因此非常适合业务人员操作。

9.2 系统技术特点

9.2.1 可视化的海洋经济数据交互式统计图表和智能查询

江苏省海洋经济运行监测与评估系统中的可视化的海洋经济数据交互式统计图表和智能查询系统为用户提供了一个简单灵活、易学易用、操作方便且功能强大的可视化交互界面。

可视化交互式图表分析工具为用户的海洋经济数据分析工作提供了多种分析图表，可自由选择不同的分析视角；过滤和筛选组件使用户精确锁定数据范围；多层次图形联动和图形钻取的能力使用户可洞察数据之间的关联，从而将枯燥无序、难以理解的数据以清晰直观、准确高效的图形呈现出来，协助用户基于交互图表进行不同层次、不同角度、不同深度的数据分析，主动分析数据之间的关系和深层含义，挖掘数据内部价值，协助组织正确决策。

智能查询工具是快速、简捷、易用的多角度深层次的数据可视化分析工具，用户无须学习艰深的数据库体系架构和高深的编程语言，不需要辛苦的编写代码，直接拖拽数据模型中的各类经济指标和维度信息即可实现复杂查询和分析；预警功能使用户可及时了解经济指标数据变化情况以作出相应的调整；图表展示功能将繁琐杂乱的数据轻松展现成易于理解、便于分析的直观图表，使用用户可实时、灵活、高效地获取当前业务信息，及时掌握数据变化和数据间联系及本质规律；查询结果可以导出成不同格式的文件或打印输出，便捷地传递信息和进行沟通。

9.2.2　采用 XML 格式的可视化的海洋统计制度报表模板编辑器

海洋经济运行监测与评估系统中使用的各种海洋经济数据制度报表会定期更新，为适应这一需求，系统提供了报表模板编辑器，通过可视化的网格界面可设置报表模板中的任何显示项和输入项内容，输入项可与各类经济指标相关联，输入单元格中可设置数据验证功能，即当输入数据不符合报表内的数据关系时，报表模板可即时显示输入的数据项的错误。当报表制度更新时，无需更新代码，只需要通过报表模板编辑器修改更新模板即可。

9.2.3　海洋经济数据评估模型应用

以适合江苏省海洋经济特点的海洋经济评估指标体系为基础，结合科学的分析评估方法和模型，可应对不同的海洋经济评估需求；使用 matlab 编程实现各类不同的评估分析方法，用配置参数的方式，调用 java 实现的评估模型实现接口与系统相接，从而可以灵活地建立多种类型评估专题，通过对海洋经济基础数据进行不同的分析评估，实现定性定量以及周期性评估等多种评估类型，为江苏省海洋与渔业局相关的领导提供辅助决策的依据。海洋经济数据评估模型包括海洋经济总量分析、海洋产业分析、区域海洋经济分析、海洋经济增长分析和海洋经济监测预警分析五个部分。

9.3　系统展望

海洋经济是通过向海洋要资源、要空间、要通道而带动的一系列经济活动，而信息化作为一种科学高效调度资源、创新经济模式的手段，则是发展海洋经济的重要途径。实现信息化是党的十六大提出的覆盖我国现代化建设全局的战略任务。海洋信息化工作是国家海洋经济发展的需求和国家海洋管理的需要，它不仅是推动我国海洋管理科学化和现代化的重要手段，也是实施我国海洋可持续发展战略的可靠信息保障和技术支撑。

江苏地处美丽富饶的长江三角洲，自然条件优越，经济基础较好，在发展海洋经济上具有自己得天独厚的地理优势。为了助推江苏海洋经济的高效发展，近年来，在信息化工程以及信息化应用上的投入也是逐年递增。信息化作为一种科学高效调度资源、创新经济模式的手段，不仅是江苏发展海洋经济的有力支撑，更是未来发展海洋经济的重要途径。信息化的投入与建设，也将为江苏的海洋经济插上智慧的翅膀。

现阶段，江苏海洋经济信息化建设已经取得了一些成绩，未来会遵循“统筹规划、资源共享、互联互通、优化服务”的指导方针，以江苏省海洋经济运行监测与评估系统为基础，着力从以下四方面对江苏海洋经济进行考虑。

（1）加强数据集成与交换，构建基于全数据的统一信息资源规划

全面集成江苏省海洋经济相关部门、相关应用系统涉及的各类结构化数据和非结构化数据，建设江苏省海洋经济统一业务数据库并完善各类数据分析、数据挖掘研究，完善海洋经济数据共享交换，实现跨部门数据共享，完善海洋经济数据服务，为相关单位及社会公众提供及时高效的数据查询发布服务，拓展信息化服务领域，推进海洋经济信息化应用推广。

（2）优化海洋经济业务操作流程

对江苏省海洋经济业务流程进行重新梳理，并在此基础上实现业务流程的管理再造和优化升级，提升江苏海洋经济监测与评估相关工作整体效能，实现江苏省海洋经济业务管理水平的整体提升。

（3）完善海洋经济信息化安全保障体系

加强网络与信息安全应急管理，建设海洋经济信息化安全保密检查机制和信息安全应急响应机制，全面提供网络平台、数据中心、应用集成系统等多层次的信息安全保障，形成江苏省海洋经济信息化安全体系。

（4）构建有效的江苏海洋经济管控体系

实现江苏省海洋经济信息化全方位、规范化管理体系；制定、完善并

实施海洋经济信息化建设与运行管理的规章制度和技术标准，建立信息化决策与评估体系；采取在职培训与人才引进等多种方式加强人才队伍建设，基本形成一支局系统信息化专业队伍。保障信息化建设、运行、管理、控制和维护的稳定性、可靠性和高效性，降低信息化建设风险、提高信息化建设效率。

参考文献

白营闪,2009. 基于 ARIMA 模型对上证指数的预测[J]. 科学技术与工程,9(16):485-488.

白永秀,惠宁,2008. 产业经济学基本问题研究[M]. 北京:中国经济出版社.

陈瑾玫,2005. 宏观经济统计分析的理论与实践[M]. 北京:经济科学出版社.

龚仰军,2002. 产业结构研究[M]. 上海:上海财经大学出版社.

侯俊军,汤超,2012. 产业集聚与技术标准化——基于高技术产业空间基尼系数的实证检验[J]. 标准科学,6:11-13.

王庆丰,党耀国,2010. 基于 Moore 值的中国就业结构滞后时间测算[J]. 管理评论,22(7):3-7.

卫梦星,2010. 中国海洋科技进步贡献率研究[D]. 青岛:中国海洋大学.

中国人民大学区域经济研究所,2002. 产业布局学原理[M]. 北京:中国人民大学出版社.